Histoire géologique de la Mer

Bibliothèque de Philosophie scientifique

STANISLAS MEUNIER

PROFESSEUR AU MUSÉUM NATIONAL D'HISTOIRE NATURELLE
ANCIEN PRÉSIDENT
DE LA SOCIÉTÉ GÉOLOGIQUE DE FRANCE

Histoire géologique de la Mer

PARIS
ERNEST FLAMMARION, ÉDITEUR
26, RUE RACINE, 26

1920

AVERTISSEMENT

Le présent volume vient s'ajouter à une série de publications où l'auteur poursuit depuis de longues années la solution du « problème géologique », c'est-à-dire de l'économie et de l'évolution du globe terrestre.

Instinctivement porté dès ses débuts, à n'accepter les explications en faveur que sous le bénéfice d'un inventaire des plus attentifs, il s'est vu contraint à diverses reprises de repousser la supposition de causes spéciales, intervenant dans des cas particuliers, pour rendre compte de tel ou tel phénomène considéré à part, — sans tenir compte dès conséquences de l'hypothèse — quant à des phénomènes différents et qu'on paraissait oublier.

C'est ainsi qu'après avoir été séduit tout d'abord par l'hypothèse dite *actualiste*, que Constant Prévost, en France, et Charles Lyell, en Angleterre se sont attachés presque simultanément à développer, il sentit qu'il ne suffisait évidemment pas de constater

des homologies de l'activité géologique entre les
périodes considérées comme distinctes. Il fut ébloui
de cette vérité, que tout venait confirmer à ses yeux,
que la division de l'histoire de la terre en époques distinctes est artificielle et que notre planète est en proie
aux progrès d'une évolution absolument continue,
comparable à celle d'un être vivant.

Toutefois, ne voulant rien risquer de téméraire qui
eût pu jeter le discrédit sur la doctrine qui se déga-
geait peu à peu pour lui, comme exprimant la réalité
des choses, il reprit à son point de vue personnel,
l'étude de chacun des grands phénomènes géologiques
et qui d'ailleurs l'un après l'autre lui fournirent des
arguments et des preuves à l'appui de la démonstra-
tion générale. Et c'est pour cela, qu'en comparant ses
publications successives sur un sujet donné on pourrait aisément y constater la liberté avec laquelle il
signale le caractère incomplet ou inexact de telles de
ses explications antérieures, pour leur en substituer
de meilleures. C'est constater en même temps qu'il
n'a jamais apporté dans le sujet de ses travaux un
parti pris de contradiction et que c'est après des
résistances souvent tenaces contre lui-même, qu'il
s'est séparé des enseignements acceptés.

Par exemple dans un de ses ouvrages qui date
de 1879, *Les Causes actuelles en Géologie*, l'auteur,
n'ayant pas encore recueilli de documents personnels
suffisamment décisifs, accepte la théorie d'une
période glaciaire, contre laquelle il accumulera plus

tard des arguments qui maintenant lui semblent sans recours possible. C'est un exemple entre bien d'autres, car c'est en conséquence de nombreuses luttes contre des opinions dont il s'était fait d'abord, de bonne foi, le propagateur par la plume et par la parole, qu'il est arrivé peu à peu dans les directions les plus diverses à y substituer une explication compatible avec l'allure générale du milieu géologique. Car, c'est avec une véritable surprise dont il n'y a pas lieu de souligner le charme, qu'il a reconnu peu à peu la convergence de toutes les théories de détail vers une synthèse grandiose consacrant l'harmonie des vestiges de tous les âges et de toutes les sortes contenus dans la masse terrestre : synthèse qu'il désigne sous le nom d'*Activisme*.

Cette fois, ce n'est plus simplement, comme avec Prévost et Lyell d'homologies qu'il s'agit entre les périodes comparées les unes aux autres. C'est la négation même de la limitation et de la réalité de ces périodes; c'est l'affirmation de la continuité des effets mutuellement associés par le jeu de véritables appareils, fonctionnant de concert avec l'allure de tissus et d'organes définis. C'est, par conséquent, la répudiation *à priori* de toute supposition de cataclysmes généraux, de toute « révolution du globe » : c'est la proclamation de la *vie* qui régit toutes les parties de l'ensemble planétaire, la négation de l'immobilité ou pour mieux dire de la statique naturelle, qui ne trouve pas même un refuge dans la substance des cadavres,

où le premier effet de la « mort » est de déclancher
un paroxysme de vie parasitaire.

Il va de soi que de semblables conclusions n'ont pas
été sans provoquer des résistances de tous genres,
chez les adeptes encore nombreux des anciens points
de vue : il fallait s'attendre à les voir user contre les
prétentions nouvelles, de toutes les ressources de
leurs arsenaux : protestations indignées parfois expri-
mées (sans mandat d'ailleurs), pour « dégager, en
quelque sorte, le crédit de la science française au
regard de l'étranger »; obstacles et même veto opposés à la publication de résultats acquis ; même cons-
piration du silence, manœuvre qui fut de tout temps
si sévèrement qualifiée, etc. Et cependant, une fois
aiguillé dans cette voie, si radicalement inverse des
vieilles idées qui tablaient sur la mort et l'inertie des
profondeurs de la terre, on arrive très vite à y voir
s'accentuer le caractère évolutif de chaque catégorie
de phénomènes.

Par exemple, une couche de sédiment marin étant
donnée, et subissant l'enfouissement sous des dépôts
plus récents, elle se montre en proie à une foule d'actions qui la modifient sans relâche et qui la font ressembler de plus en plus, à mesure que le temps
s'écoule, aux éléments des « formations géologiques ». Chaque progrès en ce sens est le germe
d'un progrès ultérieur et il peut être indiqué, à cette
occasion, de noter que l'auteur tout en écrivant l'*Histoire géologique de la mer*, a été amené plus d'une fois

à préciser les assertions qu'il avait émises d'abord. Depuis la correction, qui date d'hier, du présent volume, il constate encore dans le laboratoire ou sur le terrain des faits nouveaux qui sont de nature à consolider l'opinion du lecteur.

Par exemple, à la page 129, il décrit l'évolution du Calcaire qui, pris dans son type, est la vase actuelle de mer profonde dite *boue à globigérines*, et il montre à quel point ont été dans le vrai les géologues qui, comme Wallich, voient dans la craie à silex, le produit de l'évolution d'une boue toute pareille au sédiment actuel mais déposé dans le fond des mers crétacées. Dans le laps de temps, très court cependant, qui s'est écoulé depuis la rédaction de ce passage, une exploration en région oolithique, c'est-à-dire géologiquement plus ancienne que le niveau crétacé, a révélé à l'auteur de nouveaux témoignages de la réalité des transformations spontanées des calcaires. Il a reconnu en effet par l'examen microscopique des rognons de silex contenus dans des assises coralliennes que ceux-ci se sont concrétionnés au sein du sédiment avant qu'il n'ait acquis la structure dite oolithique, c'est-à-dire quand il avait encore le grain caractéristique des roches crayeuses. Ces rognons remontent donc à un temps ou de la craie datant du corallien avait une antiquité analogue à celle que présente aujourd'hui la craie datant du sénonien. C'est dire que celle-ci est probablement destinée à prendre à son tour la contexture oolithique quand elle aura duré autant qu'a

duré dès maintenant la craie de la mer corallienne.
C'est dire aussi que les assises calcaires dès maintenant pourvues du grain qualifié de saccharoïde peuvent
être également d'anciennes craies déposées durant les
époques primaires et qui sont parvenues à un degré
bien plus avancé encore que les étapes précédentes
dans la série des transformations ininterrompues des
sédiments calcaires.

C'est là évidemment un très mince résultat si on
le considère indépendamment de l'ensemble dont il
fait partie ; mais il suffit, pour montrer à quel point le
domaine géologique est animé de cette activité incessante si opposée à l'immobilité qu'on s'était plu
d'abord et instinctivement à lui attribuer.

Il n'est pas inutile de dire que le présent volume est
le résumé très condensé du cours public, préparé et
professé au Muséum d'Histoire naturelle en 1916, en
pleine période belliqueuse, au bruit du canon, au
moment où Ménilmontant subissait un bombardement
aérien et quand nos succès commençaient à s'affirmer
autour de Verdun. La première leçon, d'ailleurs non
recueillie ici a fait appel aux sentiments patriotiques
de l'auditoire, auprès duquel le professeur a aisément
justifié le souci accordé, malgré la gravité des circonstances, à l'étude de questions purement scientifiques et il a saisi l'occasion pour formuler quelques
règles à observer à l'avenir pour empêcher le retour
de machinations comparables à celles auxquelles nous
avons failli succomber, et que de véritables pirates

analogues à nos monstrueux ennemis d'aujourd'hui
pourraient tenter de nouveau, contre les sociétés labo-
rieuses et éprises de justice et de vérité. Une partie de
cette première leçon intitulée *La Géologie à la Prus-
sienne*, a paru sous forme d'un chapitre dans un
volume publié par MM. Gabriel Petit et Maurice Leu-
det sur *Les Allemands et la Science*. La conclusion
peut en être résumée ici : c'est que, malgré l'intensité
et le nombre de malheurs sans précédents, l'incomparable cataclysme social qu'il nous faut vivre, en ce
moment tragique, représentera pour l'histoire le
salut providentiel de l'Humanité digne de ce nom.
Dix ans encore de l'inconscience qui nous faisait
admirer la nation vampire et même collaborer à son
infiltration universelle, et nous étions définitivement
annihilés par l'incessante et occulte conquête fille de
la trahison : c'en était fait du monde et de ses destinées intellectuelles et morales.

29 mai 1917.

INTRODUCTION

L'océanographie est la science de la mer, considérée au triple point de vue morphologique, physicochimique et biologique. Cette science est d'origine française et l'on s'accorde à voir la première tentative de son établissement, dans l'ouvrage publié en 1725 par Marsilli, sous le titre d'*Histoire physique de la mer*[1]. Il n'y est question que de la petite portion de la Méditerranée à laquelle est appliquée la désignation de Golfe du Lion, mais, malgré l'exiguïté du territoire exploré, l'auteur a su en tirer des notions qui sont devenues des têtes de chapitre dans l'ensemble de la science.

A la suite de Marsilli, toute une pléiade de Français pourrait s'inscrire ici, dont chacun a fourni sa contribution riche en développements variés. Citons : Chappe d'Auteroche, né en 1722, auteur d'un célèbre voyage en Californie, lors d'un passage de Vénus sur le Soleil, et que tout le monde connaît comme l'inventeur du télégraphe aérien; Buache qui, en 1754, publia un *Atlas physique* et qui est l'initiateur des sondages sous-marins; Aimé, qui, en 1840, a publié

1. *Histoire physique de la mer*, 1 vol. in-folio, 1725. Amsterdam.

des *Recherches physiques sur la Méditerranée;* de Roujoux, avec son *Essai sur l'atterrage de la rade de Brest* (1868); Dupetit-Thouars, qui commanda le voyage de la *Vénus* autour du monde; de Tessan; Bérard; Delesse, à qui l'on doit la *Lithologie du fond des mers;* Thoulet, qui a publié un *Cours d'océanographie* et plusieurs autres volumes de haute valeur.

Toutefois, après avoir été ici, comme en tant d'autres directions, l'initiatrice incontestable, la France, tout en continuant à étudier la voie nouvelle, s'est laissé dépasser par des assimilateurs de tous pays, et Thoulet avait le droit d'écrire en 1904 : « J'ai constaté avec tristesse que nous étions ingrats pour ceux qui dans notre pays, avaient eu la gloire de créer l'océanographie, en avaient fait une science de Français, et malgré leurs efforts, avaient si peu réussi à en faire une science française[1] ».

Pourquoi l'océanographie a-t-elle cessé d'être une science française? D'abord parce que toutes les autres nations travaillant en face de la France, le total de leurs publications dépasse fatalement celui auquel arrive notre seul pays, — mais aussi, par suite d'une autre cause, aussi regrettable que la première est légitime. Je veux parler de la propension instinctive des Français à s'effacer eux-mêmes, par délicatesse, vis-à-vis des étrangers qui, au contraire, s'exaltent avidement. Il en résulte fréquemment qu'un même fait étant constaté à la fois, ou à peu près, par un Français et par un étranger, nos compatriotes sont

---

1. *L'Océan, ses lois et ses problèmes,* p. VIII. 1 vol. in-8°. Paris, 1904.

portés à l'attribuer à l'étranger et à considérer l'effort français comme moins digne d'intérêt.

Il n'y aurait guère à insister sur cette circonstance, s'il ne se trouvait que l'influence de certains étrangers a engagé la science de la mer dans une direction qui, malgré l'acquiescement que lui ont donné nombre de savants, nous semble être franchement néfaste. Pour toute une école, l'océanographie est avant tout une science exacte, répudiant les méthodes et les allures de l'histoire naturelle. Les formules mathématiques s'y sont installées comme en pays conquis, et il a semblé un moment qu'on résolvait les problèmes de la mer, par cela seul qu'on avait établi la théorie de circonstances qui n'en sont que des simplifications artificielles.

Actuellement, les manifestations officielles et régulières de l'enseignement océanographique consistent dans les trois cours publics de l'Institut fondé à Paris par le prince de Monaco : océanographie physique, océanographie biologique, physiologie des êtres vivants. Professés par des savants éminents, ils forment un ensemble qui est sans doute pour ses promoteurs, l'expression complète de la science des mers. Il nous importe de constater que le caractère fondamental de l'océanographie n'a, selon nous, que des rapports éloignés et surtout incomplets avec les programmes qui régissent ces cours.

Sans oublier ses applications fécondes à la pêche des poissons, des mollusques, des crustacés et même des éponges, des coraux et des perles, il ne faut pas perdre de vue que l'océanographie est avant tout une science ayant les relations les plus étroites avec la géologie proprement dite. Ces relations, qui n'ont été contestées par personne, sont néanmoins mal comprises par certains, qui ne voient dans la géologie que l'océanographie du passé, assertion qui est un renversement de la réalité des choses. La connaissance de la mer, malgré toute son ampleur, n'est qu'un chapitre de la géologie, c'est-à-dire de l'histoire du globe terrestre considéré dans son ensemble et dans ses détails.

Et cependant, les océanographes affirmeront, par exemple, avec Thoulet [1], savant dont nous serions bien au regret de ne pas proclamer la haute valeur, que la mer des époques passées était *identique* à la mer actuelle : (« la mer, quelque reculée que soit sa date géologique, ne présentait aucune différence essentielle avec l'océan actuel. ») Mais ils ne contrôleront pas cette assertion et ils en tireront encore moins soit un document utilisable soit un moyen particulier d'investigation. Pour ma part, l'un des motifs les plus vifs de mon étonnement, quand j'ai assisté, en 1912, à l'inauguration du musée de Monaco, c'est l'absence de place laissée dans les salles et dans les vitrines pour l'exhibition, à côté des produits de pêche et de dragage, du moindre échantillon géologique ; c'est l'oubli absolu de tout terme de comparaison entre la mer actuelle et l'océan des âges qui nous ont précédés : par exemple, des séries de galets, de sables, de limons des époques successives permettant d'apprécier comment et dans quelle mesure ils ont pu varier ou persister avec des caractères constants.

1. *Océanographie pratique*, p. 80. 1 vol. in-8°. Paris.

Quand on signalait cétte lacune aux personnes les mieux placées, on constatait qu'elle était délibérément voulue. Et la conséquence est bien plus curieuse à souligner qu'on ne le supposerait *a priori*, car elle concerne les points de vue directeurs mêmes de la science. En effet, il n'y a pas bien longtemps que l'on contestait encore aux *phénomènes actuels* la qualité de phénomènes géologiques, et c'était en particulier l'opinion formellement exprimée par Hébert en 1884[1]. Maintenant, voici qu'on dénie aux traces marines de tous les âges une signification assez grande pour mériter un examen spécial au point de vue océanographique.

Dans les deux cas, on affirme l'inutilité de comparer soigneusement l'un à l'autre le présent et le passé, et nous n'aurions pas de peine à démontrer le préjudice qui en résulte pour les progrès de la science. La vérité, c'est que les périodes passées et la période actuelle, bien qu'appartenant à une seule et même série, ne font aucunement double emploi, quant à l'enseignement qu'elles nous procurent. Les ressources dont nous disposons, pour faire l'étude des unes et de l'autre, entraînent par leurs différences complémentaires, des lumières décisives dont elles s'éclairent mutuellement. La vue de la mer nous a révélé la nature marine des traces géologiques; celles-ci, à leur tour, nous dévoilent des caractères cachés de la mer actuelle.

Ajoutons qu'il est d'autant plus indispensable d'attacher la plus grande importance à cette circonstance

1. *Notions générales de Géologie*, p. 75. 1 vol. in-18. Paris, 1884.

qu'elle se présente sous des formes diverses dans tous les chapitres de l'histoire du globe : les volcans nous en fournissent un exemple typique, qu'il nous sera très utile d'avoir considéré un moment.

Quiconque, sans renseignement antérieur, visite le Vésuve en éruption, est nécessairement d'avis que le secret des profondeurs de la montagne ardente est à l'abri de toute observation directe. A peine peut-on concevoir la possibilité de quelques informations, recueillies entre les moments de paroxysme, au cours d'excursions jusqu'à la cime et, quand faire se peut, au fond du cratère.

Heureusement, on s'est aperçu qu'on peut aller beaucoup plus loin et, chose curieuse, les documents décisifs dont on dispose aujourd'hui ont été bien longtemps méconnus et par conséquent, méprisés.

Il se trouve, dans un très grand nombre de localités, que les escarpements naturels, visibles dans les déchirures des montagnes ou sur l'abrupt des falaises, mettent sous nos yeux des poussées de roches éruptives, au travers de massifs sédimentaires ou cristallins de compositions les plus variées.

Cédant à l'on ne sait quel besoin instinctif de séparer par une barrière infranchissable les phénomènes du passé des manifestations géologiques actuelles, on a posé très longtemps en principe que ces roches éruptives n'ont que des rapports éloignés avec les roches volcaniques et que le mécanisme de leur sortie a été complètement différent d'un cas à l'autre.

Une découverte bien imprévue est cependant venue faire disparaître cette distinction injustifiée. C'est la trouvaille, dans les terrains sédimentaires de tous les âges, de roches ayant la composition minéralogique des matériaux éruptifs et qui pourtant renferment dans leur substance des cailloux roulés ou *galets* et même des fossiles, débris reconnaissables de plantes et d'animaux disparus.

Cette complexité, où l'on a d'abord vu une contradiction inexplicable, décèle l'origine de ces roches, identiques dans les grands traits de leur histoire avec les *cendres* des volcans actuels précipitées sous forme de pluie, au fond de bassins sédimentaires où elles se mélangent aux produits détritiques et aux débris organiques qui y abondent. Ainsi, la cendre du Vésuve se stratifie à chaque éruption sur le fond du golfe de Naples et n'attend plus qu'une cimentation que le temps ne lui refusera pas, pour prendre tous les traits de structure de l'euritine à végétaux de Thann, de la pierre carrée de Montjean, des *gores* de Saint-Étienne ou de la talourine de Rive-de-Gier.

La conclusion, c'est que les roches dites éruptives sont les produits d'un appareil capable d'alimenter des projections de poussières solides au travers de l'atmosphère, c'est-à-dire de véritables cendres. Ces appareils comportaient donc un cratère et constituaient dès lors des volcans proprement dits, actionnés par les mêmes causes qui déterminent le volcanisme contemporain. Dès lors, les filons de roches éruptives mentionnés tout à l'heure sont des portions de la poussée volcanique qui se sont refroidies et solidifiées dans le sol avant d'avoir pu s'épancher sous forme de coulées de lave sur la surface terrestre. Leur étude nous fournit les mêmes notions qu'on recueillerait si l'on pouvait pénétrer dans la cheminée du Vésuve pour y recueillir des laves en voie actuelle de solidification, à des profondeurs, et par conséquent à des pressions variées.

Mais ce n'est pas tout. Parmi ces volcans fossiles, il en est de tous les âges et certains d'entre eux sont fort anciens. Soulevés et déchirés par la succession des efforts mécaniques dont la croûte terrestre a été le siège depuis leur extinction, ils mettent sous nos yeux le spectacle de leur manière d'être à toutes les profondeurs souterraines qu'ils ont parcourues et jusque dans leurs racines elles-mêmes.

C'est, comme on voit, mieux qu'une compensation à l'interdiction à laquelle il faut bien nous soumettre de porter nos études sur leurs cratères et leurs régions supérieures, depuis longtemps détruits par l'activité des agents externes. Aucun doute ne subsiste plus que ces régions supérieures ou plus ou moins profondes, mises à jour désormais par les érosions, coïncidaient par tous leurs caractères essentiels avec les parties diverses des volcans actuellement brûlants. Il n'y a donc plus pour se représenter l'appareil volcanique dans son intégrité, qu'à rapporter par la pensée ces vestiges offerts dans les diverses contrées, de façon à reconstituer le volcan type parfaitement complet, par un procédé qui rappelle de très près la méthode des paléontologistes à l'égard des fossiles animaux et végétaux.

Nous savons maintenant ce qu'est un volcan, grâce à la lumière procurée par les vestiges des volcans fossiles, rapprochés des traits de structure des cratères et des coulées superficielles ; et c'est seulement

maintenant que la théorie volcanique peut être considérée comme reposant sur des bases définitives.

J'insiste sur ce fait autour duquel viennent se
ranger d'innombrables observations comparables,
parce que c'est en même temps un exemple des fils
conducteurs que la nature procure à ses adeptes pour
s'orienter au milieu de la multitude des choses et
pour dégager du spectacle exubérant de l'univers,
comme les lignes directrices de la discipline des
idées.

Eh bien, cette disposition merveilleuse de l'économie planétaire, qui met sous nos yeux, à côté d'appareils en plein fonctionnement, et partant inaccessibles dans l'intimité de leur organisation, des débris,
à tous les états de démantèlement, d'appareils semblables, mais qui ont cessé de servir et qui sont par
conséquent d'étude possible ; — cette disposition
s'est retrouvée dans un grand nombre de chapitres
de la géologie et s'est appliquée à l'histoire de la mer
d'une manière tout particulièrement heureuse.

Plus d'un géologue s'est laissé aller à déplorer
que la nappe liquide, qui constitue cependant sa
substance même, rende impossible de pénétrer les
secrets de la mer, — tout comme la lave en ignition
nous cache les profondeurs des volcans. En flétris-
sant cette nappe liquide « d'océan importun » ils
ne se sont pas aperçus qu'une série de dispositions,
que nous ne craignons pas pour notre part, de qualifier de providentielles, permettent au naturaliste,
de résoudre les plus graves questions océaniques,
en fréquentant surtout les localités de terre ferme.

C'est ainsi qu'on aurait pu simplifier beaucoup les

ınterminables diseussions relatives au régime des
mers, où se développent les massifs madréporiques.
Les uns, avec Darwin, posaient en fait que la production de ces monuments biologiques suppose nécessairement le concours de phénomènes internes et
comme la collaboration du volcanisme ; les autres
affirmaient que l'association si fréquente dans le
Pacifique des éruptions de roches avec les îles coralliennes, n'implique pas que la réunion de ces deux
termes, soit indispensable à la réalisation des produits observés. Et ni les uns ni les autres, ne se
disaient qu'il y aurait sans doute à recueillir des
arguments de discussion et peut-être même la solution
du problème, en étudiant la constitution des massifs
coralligènes maintenant exondés et recoupés par tant
d'escarpements naturels et par le front de taille
d'innombrables carrières en exploitation.

Comme nous avions tout à l'heure des volcans fossiles, dont toutes les parties, même les racines, sont
devenues par cette circonstance même, abordables à
nos études, nous avons maintenant des océans fossiles,
dont l'eau a été supprimée et c'est comme si nous
pouvions excursionner sous les flots et même jusque
dans l'intérieur des masses pierreuses submergées,
pour assister à leur production et à leur développement.

Il va sans dire que la mention des récifs de polypiers est ici un simple exemple, presque pris au
hasard, et que l'examen des océans fossiles, rappro-
ché de l'étude des mers actuelles, nous procurera des
séries d'éclaircissements mutuels de ces deux grands
sujets ordinairement séparés.

Quoique l'existence en maintes localités exondées, de vestiges organiques d'origine marine, soit un fait banal pour les personnes qui s'occupent d'histoire naturelle, il est fréquent de rencontrer des gens, même des plus distingués qui s'en étonnent et au besoin, la contestent. Nous n'avons pas à revenir sur les discussions célèbres concernant la signification des fossiles, ni sur la boutade de Voltaire, qui en est restée la forme humoristique, au sujet des coquilles Saint-Jacques, laissées par des pèlerins bien négligents de leurs insignes.

Cependant, la constatation des fossiles marins au sein des pierres remonte très loin. Joinville, dans son *Histoire de saint Louis*, note que « tandis que le roi était à Sayette (Sidon), on lui apporta une pierre qui se levait en écailles les plus merveilleuses du monde ; car, quand on levait une écaille, on trouvait entre les deux pierres la forme d'un poisson de mer... Le poisson était de pierre; mais il ne manquait rien à sa forme, ni yeux ni arêtes ni couleur ni autre chose qui empêchât qu'il ne fût vivant. Le roi me donna une pierre et je trouvai une tanche [1] dedans, de couleur brune et de telle façon qu'une tanche dût être. »

Une fois acquise la notion de la mer géologique, on se trouve en possession d'une autre certitude dont les conséquences seront inappréciables, celle de la continuité absolue des phénomènes au travers des durées géologiques.

Pendant les premiers temps de la géologie, on a

1. Il va sans dire que Joinville n'attache pas de sens zoologique à cette détermination.

été porté, comme d'instinct, car il en est résulté des traditions dans tous les pays du monde, à croire que les phénomènes dont la terre a gardé les traces successives, ont été à maintes reprises interrompus et recommencés. C'est de là qu'est résultée la célèbre doctrine si universellement reconnue inexacte aujourd'hui, malgré l'exposé magistral et convaincu que Cuvier en a fait dans son *Discours sur les Révolutions du globe*. Le résultat en fut l'édification par Alcide d'Orbigny d'une classification stratigraphique où les terrains, au nombre de vingt-sept, sont nettement séparés les uns des autres par une destruction radicale et violente de leur faune et de leur flore.

Cependant, si on répudia la théorie cataclysmienne, ce fut pour la remplacer par un système auquel reste attaché le nom de Constant Prévost. Il consiste à croire que le développement de la terre a installé successivement des états de choses qui, tout en différant des états antérieurs, ont correspondu à ceux-ci terme à terme, de façon qu'on retrouve dans chacun d'eux des manifestations essentiellement homologues. Comme ces manifestations sont représentées naturellement dans l'état de choses actuel, on a qualifié d'*actualisme* la doctrine de Prévost.

Mais il a fallu faire un pas de plus et reconnaître que la succession d'époques distinctes, quoique homologues, n'est qu'une apparence et qu'en réalité la terre subit une évolution continue et dans laquelle il n'y a nulle part de place pour la moindre interruption. Les apparences qui aux yeux de Prévost donnent une réalité à chacune des divisions stratigraphiques, proviennent sans exception de circonstances locales,

à chaque instant déplacées et auxquelles on avait
attaché un caractère de généralité qu'elles ne présentent en aucune manière.

La notion de l'activité continue n'est pas moins
démontrée pour les régions souterraines que pour
celles de la surface du globe et le fait est d'importance considérable, aussi bien pour l'histoire de la
mer que pour les autres chapitres de la géologie. En
effet, si les entrailles du sol renferment des vestiges
des mers passées, il est de première nécessité de
savoir si ces vestiges se sont conservés dans leur
intégrité, ou si, au contraire, ils se modifient progressivement, de façon à s'éloigner de plus en plus
de leur état primitif.

Buffon avait adopté la première solution, quand il
comparait le sous-sol à un bureau d'archives où se
conserveraient indéfiniment des documents propres à
la reconstitution de l'histoire de la terre ; et cette
manière de voir a conduit les géologues à s'imaginer
bien longtemps que les conditions de la surface terrestre ont subi des modifications très profondes, très
nombreuses et très rapides : à l'époque houillère,
l'atmosphère était excessivement riche en acide carbonique et sur les continents prospéraient des forêts
d'une luxuriance incomparable ; à l'époque triasique,
la mer déposait des roches très rouges ; à l'époque
albienne, l'océan était saturé de phosphate de chaux,
qui se déposait en concrétions chloritifères, etc., etc.

Ce point de vue, encore développé dans des ouvrages récents, s'est cependant trouvé contredit par des
observations sans nombre, qui prouvent qu'à l'inverse
de ce que croyait Buffon, la profondeur terrestre se

modifie sans cesse, aussi bien chimiquement que physiquement, (minéralogiquement par conséquent) et que, pour l'ordinaire, tout ou partie des matériaux constituant une formation donnée, ne sont point de l'âge de cette formation et se sont produits dans sa masse, postérieurement à son dépôt.

La conséquence, c'est que l'*immobilité*, ce que nous entendons dans le langage vulgaire par stabilité, n'a aucune place en histoire naturelle. Les parties de la science qu'on range dans la Statique, telles que l'électrostatique ou l'hydrostatique, n'ont pas à intervenir dans l'explication des faits géologiques, où elles doivent être remplacées par les considérations de l'électrodynamique, de l'hydrodynamique, de la thermodynamique, etc.

La notion est maintenant complète que tout dans le monde est en proie à une activité incessante, circonstance fondamentale qui fait la base de la doctrine *activiste*, que nous adopterons dans l'Histoire de la mer, le phénomène thalassique étant, comme les autres, absolument continu. Non seulement il n'y a jamais eu d'interruption dans l'action des eaux marines, mais à toutes les époques, depuis son intervention dans l'économie planétaire, la masse aqueuse a toujours présenté la même allure essentielle.

Nous pouvons, pour formuler cette assertion en pleine certitude, nous appuyer sur le témoignage d'une si prodigieuse délicatesse et qu'on ne peut mettre en doute, que nous procurera l'être vivant.

Sans doute, les trilobites des temps primaires diffèrent bien notablement des limules, des langoustes, des crabes du temps présent, mai non pas, plus que chacun de ces types ne diffère des autres. Nous sommes même bien assurés, comme on le verra plus loin, que ces formes, même les plus anciennes, devaient réclamer pour vivre, les mêmes conditions extérieures que les crustacés d'aujourd'hui. La mer qui les nourissait pouvait être un peu plus chaude, un peu plus ou un peu moins salée, mais ces différences et d'autres qu'on pourrait supposer, étaient nécessairement très faibles, et c'est bien, comme milieu biologique, la même mer qui persiste depuis les origines.

Cette remarque prend encore de la force par l'étude de certaines formes organiques tout spécialement exigeantes, quant aux qualités de l'ambiance, comme sont les polypiers constructeurs de récifs. On se rappellera en effet les étroites analogies reconnues entre les atolls d'aujourd'hui et les îles coralliennes fossiles : — non seulement celles des temps jurassiques, mais même celles des époques carbonifère et dévonienne, c'est-à-dire primaires.

Du reste, pendant que la biologie proclame ainsi l'unité des conditions marines depuis l'origine de la vie, les phénomènes purement inorganiques d'érosion et de sédimentation, dont les laboratoires océaniques sont le théâtre, témoignent avec non moins de force dans la même direction. C'est avec assurance qu'on doit déduire de cette ressemblance si complète que le temps qui nous sépare des plus anciennes époques sédimentaires, tout gigantesque qu'il soit à la mesure des chronologies historiques, ne semble qu'un instant dans l'évolution de la planète.

D'un autre côté, la mer n'est pas un organe isolé dans la Nature ; elle n'est qu'une partie de l'ensemble terrestre dans lequel elle accomplit une fonction parfaitement définie, mais intimement associée aux autres fonctions. De même qu'on ne comprendrait pas la fonction respiratoire ou la fonction circulatoire si l'on ne savait rien des autres formes de l'énergie physiologique, de même il importe nécessairement d'avoir présentes à l'esprit les relations de la fonction océanique avec les autres chapitres de la Géologie générale.

Ces relations sont de deux ordres :

1° Les collaborations que ces autres fonctions fournissent à l'activité océanique ;

2° Les contributions que la mer procure aux autres fonctions.

Esquissons-en un aperçu superficiel, qui nous sera utile dès maintenant pour nous pénétrer de l'intimité complète et de la diversité de formes des réactions fonctionnelles.

La fonction corticale, c'est-à-dire l'ensemble des phénomènes qui concerne la croûte, considérée comme simple cloison séparative entre le noyau fluide de la terre et les régions également fluides de la périphérie (atmosphère et océan), intervient dans l'histoire de la mer, en déterminant la localisation des bassins aqueux et aussi en donnant lieu, par l'intermédiaire des bossellements généraux, au déplacement progressif des lignes de côtes.

La fonction volcanique se traduit par l'apport de matériaux éruptifs sur le fond des mers. Certains produits nectiques, tels que les pierres ponces qui, à cause de leur structure vacuolaire flottent d'elles-mêmes sur l'eau, tout en s'y désagrégeant, contribuent à la complexité des sédiments.

La fonction bathydrique, dévolue aux eaux qui circulent dans la profondeur de la croûte terrestre, a pour conséquence de déverser dans les mers, des eaux qui y apportent de la chaleur et une contribution minérale appréciable. Ainsi se continue une sorte de lavage des régions solides au profit de la masse liquide dans laquelle se concentrent les matériaux solubles, par exemple, le sel gemme.

La fonction épipolhydrique, réalisée surtout par la pluie et par ses résultats les plus immédiats qui sont les ruissellements superficiels et les cours d'eau, restitue constamment à l'océan la substance aqueuse dont l'action solaire le prive continuement, par évaporation. Dans bien des cas, la pluie et la neige dessalent pour un temps des points de la surface de la mer et compliquent la distribution des matériaux dissous.

La fonction glaciaire influence le régime des mers d'une manière qui se répercute sur toute la surface terrestre : les eaux froides dérivant de la fonte des calottes polaires constituent un niveau à peu près continu sur les fonds submergés dont la température est sensiblement la même sous toutes les latitudes. D'un autre côté, les glaces flottantes qui se dégagent des glaciers littoraux, transportent des blocs et des parcelles de roches de toute nature, qui se mélangent aux autres catégories de sédiments.

La fonction éolienne s'est révélée comme apportant à l'océan une contribution des plus utiles à l'accomplissement de son rôle dans le grand concert de la nature. Le principal outil qu'elle met en œuvre, c'est le grain de sable ou de poussière que le vent apporte au-dessus de l'eau pour l'y laisser choir. D'un côté, cette pluie solide modifie d'une façon très curieuse les conditions physiques d'une épaisseur notable d'eau, en diffusant de la lumière qui détermine des éclairages que les scaphandriers connaissent bien, pour rendre très difficile l'emploi des foyers lumineux sur le fond. D'un autre côté, chaque grain solide, même microscopique, qui tombe sur l'eau et plonge, entraine avec lui une gaine gazeuse, très lente à le quitter et qui, en se dissolvant, aère des régions qui resteraient interdites à la vie, sans cette contribution respiratoire.

Enfin, la fonction biologique donne à la masse océanique des caractères chimiques très divers. Le développement organique a fait de la mer un foyer inépuisable de fabrication d'ammoniaque. D'un autre côté, par l'intermédiaire des plantes et des animaux, les substances dissoutes dans l'eau se précipitent et réagissent les unes sur les autres, de façon à engendrer des produits spéciaux. Par exemple, le sulfate de chaux, si abondant dans la masse liquide, conclut avec le carbonate d'ammoniaque à la suite de réactions complexes, incomplètement connues et sur lesquelles nous reviendrons, un double échange d'où résulte le carbonate de chaux qui représente une si notable portion du tissu des coquilles, des madrépores, des algues incrustantes et de tant d'autres productions calcaires. De même, la silice est précipitée par les radiolaires et par les diato mées, qui en font leur squelette ou leurs frustules, etc.

Mais une fois faite, cette énumération des fonctions collaboratrices de l'activité marine, il nous reste

ajouter une série pour ainsi dire inverse, dans laquelle de son côté la mer prend part aux travaux propres à chacune des autres fonctions.

A la fonction corticale, l'existence de la mer localisée dans ses bassins, apporte un élément de diversité sur lequel Faye parait avoir le premier appelé l'attention. Étant donné le taux de l'accroissement de la chaleur souterraine avec la profondeur, on admet qu'à 60 kilomètres de la surface, règne une chaleur de 2.000°, et qu'en conséquence, aucune des matières connues n'y pourrait persister avec l'état solide : c'est l'argument fondamental à l'appui de la réalité d'une croûte enveloppant un noyau fluide. Mais nous savons que le fond de l'océan, qui peut être à plusieurs milliers de mètres de dépression, est voué à une température sensiblement uniforme et qui avoisine zéro. Il en résulte que le degré géothermique doit subir sous les eaux, une inflexion correspondante, c'est-à-dire que la croûte doit être notablement plus épaisse sous les régions océaniques que sous les régions continentales. N'y a-t-il pas là quelque raison décisive pour déterminer la situation d'élection des bossellements généraux? C'était du moins l'opinion de l'auteur que nous venons de nommer.

Pour ce qui est de la fonction volcanique, il semble y avoir autant de volcans sous les mers que dans les régions exondées et on peut regarder comme absolument démontré que la proximité de l'océan est tout à fait étrangère à la production des éruptions. Mais il faut reconnaitre que la mer modifie la manière dont s'accumulent et se classent les matériaux volcaniques. Les cendres et les scories surgissant d'un cratère submergé, ne s'établissent pas toujours en relief et sont au contraire étalés plus ou moins vite par les courants aqueux sur une surface de plus en plus large. Le fait de l'île Julia (1831) est rare, où le mouvement des flots a supprimé le relief constitué. Dans tous les cas, la suppression de matériaux se fait sur une très large surface et l'éruption du Krakatau a fourni des ponces flottantes à une superficie égale au moins à celle de la mer des Indes, dont le fond a été saupoudré de matériaux argileux provenant de leur décomposition. La pluie de cendre retombant de l'atmosphère à chaque éruption, détermine des lits dont la nature est certainement modifiée par le contact de l'eau. Enfin la poussée de laves incandescentes mais pâteuses sur le fond inondé est la cause d'altération des roches ignées au double point de vue de la structure et de la composition minéralogique. Bien que dérivant ordinairement du phénomène bathydrique, le phénomène zéolithique peut être développé parfois ainsi sur une échelle plus ou moins grande et l'étude des vieux gisements procure des aperçus sur le plus ou moins de proximité de la mer lors de l'éruption.

La mer doit modifier dans certains cas la réalisation de la circulation souterraine des eaux, c'est-à-dire de la fonction bathydrique et tout spécialement en influençant à son voisinage la distribution de la chaleur souterraine : mais c'est un sujet dont l'étude est à peine abordable actuellement.

Pour ce qui est de la fonction épipolhydrique, c'est-
à-dire du régime des eaux superficielles, il en est
tout autrement et la mer a sur elle une influence
évidente, étant comme on sait le grand réservoir où
s'alimentent les provisions de vapeurs atmosphériques
et en même temps le lieu de convergence des eaux de
ruissellement et d'infiltration et le déversoir des
eaux courantes. Si l'océan entre dans le jeu circulatoire des eaux, en remplaçant par évaporation dans
l'atmosphère l'eau qui s'en précipite sous les formes
de rosée, de pluie, de neige et de grêle, il imprime à
la pérégrination de certains matériaux solubles une
allure très particulière. Il reçoit maints composés,
tels que le sel gemme et le gypse en quantité très
supérieure à celle qu'il peut restituer au continent;
aussi est-il un agent d'épuration de la terre ferme à
l'égard de certains sels et en même temps, un centre
de concentration de matériaux caractéristiques.

Du fait de l'océan, la fonction glaciaire ne s'effectue
pas comme elle le ferait sur un globe où n'existeraient
que des eaux continentales. Les courants entraînant
les icebergs, fournis par le front des calottes polaires,
impriment à la distribution des températures sur le
globe, une allure très spéciale. Un phénomène analogue concerne la dissémination de roches entraînées
par les glaces flottantes et abandonnées sur le fond
marin après la fusion progressive de celles-ci.

C'est d'une manière symétrique que la mer influence
l'ensemble des conditions atmosphériques et marque
de son empreinte les produits de la fonction éolienne.
La mer est, sinon la source des vents, qui paraît
résider au contraire dans les régions les plus élevées

de l'atmosphère, du moins la cause de l'orientation de certains courants réguliers et Georges Pouchet était d'avis[1] que c'est moins l'eau chaude du Gulf-Stream qui nous procure les bons effets météorologiques que tout le monde connaît, que le courant d'air tiède qui marche avec lui. Sur beaucoup de rivages, des travaux géologiques se signalent qui, pour se faire en terre ferme, n'en constituent pas moins des œuvres de l'océan. Le sable des dunes est apporté et déposé par la mer, mais la forme du dépôt est modifiée par le vent et des surfaces énormes tiennent ainsi la matière constitutive de leur sol d'une collaboration entre les deux étoffes fluides du globe. N'oublions pas d'ailleurs que la mer apporte dans la partie chimique de la fonction éolienne des influences décisives : elle est en effet, comme M. Th. Schlœsing l'a démontré, le principal régulateur de la teneur de l'atmosphère en acide carbonique. Et on peut proclamer qu'à cet égard, elle atteint à une telle délicatesse, pour maintenir sans changement le taux de 3 dix-millièmes de gaz carbonique dans l'air, qu'il n'y a pas, dans nos laboratoires de physique les mieux outillés, d'appareils de précision plus parfaits.

Enfin, il est presque inutile de constater l'influence incomparable exercée par la mer sur l'accomplissement de la fonction biologique. On est généralement d'accord pour penser, sans preuve d'ailleurs, que c'est dans la mer qu'a eu lieu l'éclosion de la vie ; l

----

1. *Expériences sur les courants de l'Atlantique Nord, faits sous les auspices du Conseil municipal de Paris*, in-4°. Pais, 1880.

est manifeste en tout cas que l'océan a fourni à la manifestation biologique des conditions typiques. Au point de vue strictement géologique, la mer fournit aux organismes qui vivent dans son sein, des matériaux que la force biologique transforme, et dont le volume est fréquemment comparable à celui des productions d'origine purement inorganique.

Ces prémisses une fois posées, il nous reste à orienter nos études, ou si l'on veut, à établir le plan d'après lequel devront être coordonnées les matières dont l'étude nous attend.

Tout d'abord, nous n'attribuons pas tout à fait au mot océanographie le sens qu'on y attache le plus généralement et qui est, avant tout, la description de l'océan. Nous ne pouvons échapper à la nécessité d'ajouter à l'ensemble de notions que cette expression évoque, tout ce qui a trait à l'origine et à l'évolution de la mer. C'est dire qu'au lieu de faire de l'océanographie exclusivement actuelle, nous avons pour objectif de recueillir et de grouper tout ce qui concerne des traces de l'océan, à partir du passé le plus lointain jusqu'à l'époque présente. Cette océanographie géologique est surtout une science historique qui complétera l'océanographie proprement dite qui est une science descriptive. Elle est à cette dernière ce que la géologie est à la géographie physique et elle doit devenir son guide et son principal moyen de progrès. Ces deux sciences sont en réalité les deux parties d'un même tout indissoluble et elles se complètent par la contribution de notions que chacune d'elles est seule à fournir et qui éclaire chez l'autre les problèmes dont l'étude isolée resterait fatalement

sans solution. Si l'on supposait un moment que la
mer eût pu être tarie avant notre apparition sur le
globe, tous les enseignements de la stratigraphie et
de la paléontologie resteraient pour nous, sans interprétation compréhensible.

Cinq parties d'importance comparable, mais d'étendue différente, s'imposent d'elles-mêmes dans notre
livre.

1° La description en quelque sorte abstraite de la
mer, c'est-à-dire considérée au point de vue statique
au cours d'une durée supposée nulle, de façon à constituer un renseignement comparable à ce que fournit
la photographie instantanée d'un être surpris dans le
violent exercice des fonctions vitales.

C'est dans ce domaine que nous verrons l'océanographie ordinaire avoir son maximum d'autorité et
d'utilité : l'océanographie du passé y interviendra
cependant pour une part. La rencontre de points
géologiques ayant conservé des caractères analogues
à ceux de localités actuelles bien définies, porteront
par exemple à penser qu'ils représentent des éléments
de quelque rivage désormais desséché. Fréquemment
la superposition de couches horizontales peu inclinées
à des massifs fortement redressés nous apparaîtra
comme le contact d'un fond de mer avec les sédiments qui sont venus le recouvrir. On sent le fruit à
retirer de cette observation, étant donné qu'à l'époque
actuelle, la topographie sous-marine est nécessairement incertaine à cause de l'inaccessibilité des fonds
submergés.

2° Dans un deuxième ordre d'étude nous exami-
nerons les caractères mécaniques de la mer. Après

avoir résumé les données essentielles qui concernent
les mouvements aqueux qualifiés de marée, de vague,
de houle, et de courant, nous aurons à enregistrer
les effets qu'ils déterminent, sur la matière des côtes
et des fonds submergés, et qui se groupent autour de
 eux phénomènes complémentaires, dits érosion et
sédimentation. A diverses reprises, nous verrons des
particularités d'allure de la mer actuelle révéler à
notre esprit l'origine et le mode de formation de
localités géologiques. Et d'un autre côté, les phénomènes de transgression et de régression, dont les
formations de tous les âges ont conservé les traces si
indiscutables, donneront toute leur signification aux
envahissements et aux reculs locaux de la'mer d'aujourd'hui.

3° C'est alors que nous pénétrerons dans l'histoire
physique de la mer, dans l'examen des phénomènes
développés, au sein de sa masse : spécialement par
la pesanteur engendrant les énormes pressions de ces
régions profondes, par la chaleur, par la lumière, par
l'électricité. Une série de réactifs, parmi lesquels certains détails de constitution des êtres organisés maintenant fossiles et qui ont vécu dans la mer, permettra
de comparer la thermalité marine aux différentes
époques et de préciser ainsi quelques étapes du
développement planétaire.

La présence des yeux chez des animaux fort anciens, comme les trilobites, autorisera des suppositions quant à l'éclairage des océans primitifs, etc.

4° Une étude symétrique de celle que nous venons
de citer, mais incomparablement plus riche en rensei-
gnements déjà acquis, visera les qualités chimiques

des flots. La composition de l'eau de mer et l'origine
des substances qui y sont dissoutes, ouvriront devant
nous des horizons du plus vif intérêt. Nous rencontrerons un sujet des plus attachants dans la recherche
des causes de la salure du liquide océanique et de
sa complexité. Nous suivrons pas à pas la production
et l'isolement de bien des matières, qui se déposent à
l'état solide dans des conditions très variées.

5° Enfin, il nous restera à examiner la série des
phénomènes marins qui reconnaissent une origine
biologique et qui se signalent à la fois par la variété
de leurs caractères et par la dimension de la part
qu'ils ont prise dans l'activité de la surface planétaire. Le recensement sommaire de la faune et de la
flore marines, mettra sous nos yeux des organismes
employés sans relâche à assurer la circulation d'une
foule de corps simples ou composés.

Ici, un horizon très vaste s'ouvrira devant nous et
le spectacle des changements successifs du biocosme
au cours des âges, nous ouvrira des aperçus philoso-
phiques d'une séduction sans égale. Il faudra d'un
mot faire au moins une allusion aux idées les moins
incompréhensibles, — nous n'osons pas dire les plus
acceptables, — quant à l'apparition première de la vie
sur le globe [1]. C'est avec la plus grande prudence qu'il
conviendra de toucher le mécanisme de la succession
des formes organiques, dont les débris, passés à l'état
de fossiles, constituent les guides les plus sûrs et
comme la base de toute la science géologique.

1. On trouvera un complément d'information à cet égard
dans notre *Géologie biologique*, 1 vol. in-8°. Paris, 1914.

Histoire géologique de la Mer

PREMIÈRE PARTIE

LES ÇARACTÈRES GÉOGRAPHIQUES DE LA MER

CHAPITRE PREMIER

La forme des rivages maritimes.

Ainsi qu'on l'a vu tout à l'heure, nous entendons par caractères géographiques de la mer, les traits de sa morphologie, considérés comme un détail de la manière d'être générale de la planète.

Remarquons tout d'abord que la distribution générale des mers diffère singulièrement de ce qu'on aurait pu supposer *a priori*. Malgré son manque de régularité absolue, la forme de la terre, voisine de celle d'une sphère, a porté beaucoup d'esprits mathématiques à l'étudier comme un objet rigoureusement défini et à la soumettre au calcul. Il en est résulté quantités de travaux à apparence géologique, qui ne sont au fond que des abstractions et dont la plus célèbre est le réseau pentagonal d'Élie de Beaumont [1].

1. *Notice sur les systèmes de Montagnes*, 1 vol. in-8°. Paris, 1852.

Au premier coup d'œil sur un globe géographique, il semble que la mer représente la portion principale de la masse terrestre : sa surface énorme occupe les 3/4 de celle de la planète tout entière.

Il y a longtemps déjà que, d'une façon générale, on a rattaché la signification de cette surface à l'allure même de l'évolution planétaire. Bien des faits ont révélé que l'océan est un détail du globe, en voie continue de diminution, à cause de son absorption progressive par le substratum solide, et destiné à disparaître par la continuation pure et simple de l'état actuel des choses.

La comparaison de notre planète avec ses deux voisines astronomiques, Vénus et Mars, est des plus suggestives. Vénus, plus jeune que la Terre, jouit d'une étendue océanique sensiblement plus grande, et Mars, plus âgé, ne montre plus qu'un océan dont la surface ne dépasse pas celle des régions continentales.

La distribution géographique des océans terrestres, et par conséquent des continents, est très imprévue, étant donnée, outre la régularité approximative du globe, l'uniformité de son mouvement autour du soleil. On sait que pratiquement, les continents sont distribués de telle sorte qu'il est possible de répartir la sphère terrestre en deux moitiés, c'est-à-dire par un grand cercle, dont l'une contiendra à peu près toutes les terres fermes, et l'autre à peu près toutes les régions océaniques. Les continents, répartis en deux gros massifs, ne sont aucunement situés suivant une disposition rattachable à la symétrie sphérique, quoique certains géomètres, voulant démontrer, malgré l'évidence, une régularité complète dans le globe, aient abouti à la conception de « la déformation tétraédrique » dont on a fait honneur à Lothian Green, alors que la première idée appartient à notre compatriote Jean Reynaud : « On est conduit, dit-il, à reconnaître qu'au fond le sphéroïde terrestre est affecté par un mode de contraction qui tend à élever sur l'équateur trois couples de continents et que l'anomalie la plus considérable de la configuration actuelle provient de ce que le troisième couple, n'étant pas aussi bien déterminé que les deux autres, il demeure à certains égards confondu avec le premier comme s'il n'en était qu'une dépendance. » Et plus loin : « C'est surtout quand on contemple le globe par son pôle austral que la triplicité paraît visiblement préparée. » (*Terre et Ciel*, p. 405. Paris, 1854).

Mais de telles spéculations n'ont aucune portée, puisque la distribution des continents est certainement très changeante avec le temps, la mer ayant occupé successivement toutes les régions de la terre. Nous en aurons des preuves qui ne laisseront rien subsister de l'hypothèse d'une déformation symétriquement réalisée par rapport à l'axe de la sphère.

La distribution générale des mers et des continents sur la terre a une analogie sur d'autres astres.

Si sur une carte marine, telle que celle de l'Atlantique Nord, on trace des courbes horizontales pour des profondeurs de plus en plus grandes, on reconnaît que ces courbes tendent progressivement à limiter des zones dont la forme est de plus en plus allongée. A 4.000 mètres on obtient des formes comparables à celles des mers de Mars.

Il y a cependant quelques remarques plus plausibles à résumer au sujet de la distribution générale des mers. Comme nous l'avons indiqué, cette distribution se rattache au régime de la croûte terrestre pendant le refroidissement spontané de la planète. Or, diverses raisons et avant tout des résultats expérimentaux, qui méritent de prendre le pas sur de simples spéculations, montrent que la contraction a pour effet d'engendrer des ridements orthogonaux les uns sur les autres. Par exemple, si l'on étend une matière non contractile, du plâtre à mouler si l'on veut, en une couche très mince sur une feuille de caoutchouc préalablement distendue, et si au cours de la prise du plâtre, on laisse la feuille élastique revenir doucement sur elle-même, on voit la matière plastique se craqueler suivant deux directions perpendiculaires l'une à l'autre et se réduire par conséquent en une mosaïque très régulière.

L'ordonnance générale des blocs continentaux reflète la même circonstance et d'une façon très évidente. Le Vieux Monde, c'est-à-dire l'ensemble de l'Asie et de l'Afrique, forme un bloc grossièrement quadrilatère et dont le grand axe est dirigé du S.-O. au N.-E., tandis que le Nouveau Monde, c'est-à-dire l'ensemble des deux Amériques en fait un autre dont le grand axe est dirigé du N.-O. au S.-E., c'est-à-dire perpendiculairement au précédent. D'après l'expérience, c'est la preuve que ces deux reliefs se sont produits en même temps, par une même contraction de toute la masse corticale. La notion est d'autant plus intéressante qu'elle suggère des vues sur les conditions primitives de la masse cosmique, des-

tinée à devenir la Terre et qu'elle nous invite, sans
préjuger de l'âge des phénomènes, à réfléchir sur les
rapports de la diminution progressive de la fluidité
de la terre avec les progrès de son refroidissement.
Ajoutons que l'observation est d'accord avec l'expé-
rimentation pour faire admettre, dans cette matièr
étirée dès le début de sa consolidation vers l'équateur
par la force centrifuge, les traces d'une *viscosité* particulière qui, au fur et à mesure du refroidissement
de la planète, cède à sa réciproque complémentaire
par une poussée tangentielle qui refoule la substance
corticale vers les pôles. Toute la géographie physique
s'en est ressentie et c'est la cause des ridements orogéniques qui traversent d'une part l'Eurasie du N.-E.
au S.-O., et d'autre part les Amériques du N.-O. au
N.-E., parallèlement aux grands axes continentaux
et dont l'âge est de moins en moins ancien à mesure
qu'ils occupent une situation de plus en plus distante
du point qu'on a le droit de qualifier de pôle orogé-
nique [1].

Quoi qu'il en soit, la situation des reliefs montagneux
a eu pour contre-coup, à chaque instant géologique, la
distribution des dépressions, c'est-à-dire des océans.

La géographie physique est donc, à notre grand bénéfice, en voie de changement continu : si les océans ne
changeaient point de place au cours des temps, nous
n'aurions pas le moyen de connaître l'allure des phénomènes sédimentaires du passé et la géologie n'exis-
terait pas.

1. Stanislas Meunier, *la Géologie générale*, 2ᵉ édit., p. 61
1 vol. in-8°. Paris, 1909.

CHAPITRE II

La topographie des fonds maritimes.

La topographie des fonds maritimes a donné lieu à
des opinions très diverses, dont la moins bizarre
n'est pas celle de Lamarck :

« L'habitude, écrit-il [1] de voir la mer enfoncée
constamment dans un lit particulier, laissant autour
de ses limites des parties plus pesantes que ses eaux
et néanmoins plus élevées et en saillie, fait croire à
l'homme vulgaire qui a continuellement ce fait sous
les yeux qu'il n'y a rien d'étonnant à ce que cela soit
ainsi. » Il ajoute, qu'à l'inverse de l'homme vulgaire,
« tout homme capable de méditer profondément ne
peut s'empêcher d'éprouver l'étonnement, en voyant
que les eaux marines ont constamment un bassin et
des limites pour les contenir. » Il arrive, pour conclure, à cette affirmation que « le bassin des mers

---

1. *Hydrogéologie*, ou recherches sur l'influence qu'ont les
eaux sur la surface du globe terrestre ; sur les causes de l'existence du bassin des mers, de son déplacement et de son transport successifs sur les différents points de la surface de ce
globe ; enfin sur les changements que les corps vivants exercent
sur la nature et l'état de cette surface, par J.-B. Lamarck,
p. 26. 1 vol. in-8°. Paris, an X.

doit son existence et sa conservation aux mouvements
perpétuels d'oscillation des eaux marines, ainsi qu'à un
autre mouvement général de ces eaux, lequel est sans
cesse entretenu par l'influence de la lune et du soleil. »

Ibn Khaldoun, qui écrivit au xiv° siècle sa célèbre
Histoire des Berbères, remarque que les plus hautes
montagnes sont situées au voisinage de la mer, — ce
qui doit être regardé selon lui, comme une disposition
providentielle pour arrêter l'invasion de l'océan[1].

Descartes[2], qui qualifiait la terre de « soleil
encroûté », en donne une coupe représentant la
moitié d'un grand cercle et où l'on voit, au-dessous
de la zone atmosphérique, l'écorce solide réduite par
la contraction à des voussoirs qui, en glissant les uns
sur les autres, ont produit les grandes inégalités orogéniques. C'est dans les parties basses que la mer
s'est réunie.

De quelle époque géologique date la concentration
des mers dans des bassins? C'est l'humble galet des
rivages actuels qui nous servira de guide pour reconnaître, dans de nombreuses localités où se présentent
des pierres qui lui sont identiques, le rivage des
anciennes mers. Ainsi, le premier terme de la série
stratigraphique, le terrain archéen, étale en Scandinavie, d'énormes épaisseurs de galets cimentés en une
roche spéciale, la *sparagmite*. Cette circonstance suffit
à démontrer que la mer existait avec ses caractères
essentiels, dès le début de ces temps si anciens.

1. *Histoire des Berbères*, traduite de l'arabe par M. Le Slane,
I, 194. Paris, 1852.
2. *Les Principes de la Philosophie*, 4° partie, p. 323 de l'édit.
française in-4° de 1668.

Quoique les géologues marquent d'une ligne précise
le niveau de la mer, base de toutes nos mesures hyp-
sométriques, il importe d'insister sur son manque
absolu de stabilité, exemple parmi tant d'autres de
l'activité ininterrompue de la terre. Ce fait nous
invite, en même temps, à ne rien établir de géologique
sur la statique, à laquelle il convient toujours de substituer des considérations dynamiques. Rien de plus
illusoire par exemple, que les conclusions tirées, par
des théoriciens, de la considération des *profils d'équilibre* des cours d'eau.

Strabon dit[1] que Posidonius, en cela d'accord avec
Aristote, était d'avis que la mer, au voisinage de la
Sardaigne, avait été sondée jusqu'à la profondeur de
1.000 orgyes (1.000 brasses), la plus grande profondeur qui ait jamais été atteinte, ajoute-t-il.

Les Anciens savaient donc que le fond de la mer
est très accidenté ; ils connaissaient l'usage de la
sonde, ensuite bien oublié, car Marsilli, protestant
contre l'opinion des pêcheurs, pour qui l' « abîme »
du golfe du Lion n'a pas de fond, écrit que cette
« opinion extravagante est fondée sur ce qu'aucun
n'a voulu encore se donner la peine et faire la dépense
de ce qu'il faut pour cette sonde, laquelle apparem-
ment ne se fera jamais si quelque prince n'ordonne
pour cela des bâtiments particuliers et des instruments proportionnés. »

En 1837, fut rédigé un mémoire sur les sondages
en mer à de grandes profondeurs, par Champeaux de
La Boulaye, officier de marine. Mais le titre seul figure
dans le recueil académique et il fallut attendre encore

1. *Géographie*, I, 3, 9.

des années pour que la pratique du sondage produisit quelque fruit. Au Congrès international de géographie, tenu en 1889, une commission se réunit sous la
présidence du prince de Monaco, pour éditer à l'échelle
du 1/10.000.000ᵉ la première carte bathymétrique
générale.

Dans certains cas, on a, à marée basse, la vue de
fonds marins qui peuvent être très étendus. Telle est
la baie presque horizontale du Mont Saint-Michel.
Par contre, l'océan Pacifique, au voisinage des îles
Carolines, Mariannes et Tonga, a des profondeurs dont
la plus grande, relevée en 1911, par Le Planet, a
9.750 mètres. Dans l'Atlantique, le ravin de Porto-
Rico mesure 8.526 mètres. Le maximum de profondeur dans la Méditerranée paraît être de 4.400 mètres,
entre la Sicile et Corfou. Dans les détroits, la profondeur est généralement faible. Ainsi, la Manche ne
semble pas avoir plus de 100 brasses de fond, et si
l'on transportait la cathédrale de Paris dans les eaux
du Pas de Calais, le haut des tours émergerait.

Ainsi donc, malgré l'insuffisance manifeste de leur
nombre actuel, les sondages conduisent à l'opinion
très vraisemblable, que la topographie des fonds sous-
marins a les plus grandes analogies avec la forme du
fond sub-aérien et continental. Souvent même on peut
reconnaître qu'elle la continue, par des crêtes et des
vallées submergées.

Au xviiᵉ siècle, le P. Kircher l'avait déjà constaté
par une de ces figures pittoresques dont est illustré
son *Mundus subterraneus*[1]. Son but est d'ailleurs de
montrer à quel point se trompent ceux qui croient

1. 2 vol. in-folio. Amsterdam, 1678.

que la profondeur de la mer est partout égale et qu'on peut la déterminer : « *Ex patet, quam hallucinantur qui putant maris profunditatem ubique aut aequalem esse, aut determinari posse certam ejus profunditatem.* »

Quand en 1737, Philippe Buache publia les premiers essais de représentation du fond des mers, à l'aide de courbes isobathes, il était préoccupé de montrer que certaines élévations sous-marines correspondent à l'orographie des terres voisines et en sont véritablement la continuation[1].

En plusieurs circonstances, les sondages ont démontré l'existence de *seuils*. L'un des plus nets et des mieux caractérisés barre le détroit de Gibraltar, et sépare la Méditerranée de l'Atlantique par une crête, ou digue rocheuse qui surgit verticalement du fond et qui détermine entre les deux parties contiguës des différences de température très sensibles. Un autre traverse le détroit de Messine à une profondeur de 300 mètres, délimitant et séparant l'une de l'autre deux fosses dont l'une au nord dépasse 3.000 mètres et dont l'autre au sud en atteint 4.000.

Un autre seuil, bien étudié, désigné sous le nom d'un naturaliste éminent, Wyville Thompson, sépare l'Atlantique nord en deux bassins, par une cloison qui s'étend du littoral de l'Écosse à l'archipel des Feroë. D'un côté, à l'ouest, la profondeur atteint 1.500 mètres, tandis que de l'autre, elle ne dépasse pas 1.200 mètres. Jusqu'à 400 mètres, la température est distribuée de la même façon dans l'une et dans l'autre

1. Essai de Géographie physique, inséré dans le volume de 1752 (p. 399) de l'*Histoire de l'Académie des Sciences*. Paris.

de ces régions. Le fond de la première est à la température constante de — 1°, celui de la seconde à +8°.

Aussi, est-ce à la supposition de seuils sous-marins *fossiles* qu'on a eu quelquefois recours pour explique que des faunes de même âge soient composées d'espèces différentes : par exemple, que la faune triasique des préalpes suisses soit si nettement distincte de la faune également triasique de la région bohémienne. Mais il ne faut pas oublier que nous voyons, à l'époque actuelle, des différences de même ordre entre les groupes d'animaux habitant la mer en des points qui peuvent être en somme peu éloignés, par exemple, sur les deux lignes littorales de l'isthme de Panama dans le Pacifique et dans le golfe du Mexique.

Déjà Marsilli, étudiant la topographie sous-marine du golfe du Lion, entre le cap de Quiez, en Roussillon et le cap Cicié, ou Croiset, en Provence, note l'existence d'un arc « submergé » (la côte sous l'eau) qui est parallèle au rivage et il ajoute que l'étendue de mer qui recouvre l'espace compris entre la côte et cet arc, est désigné par les marins sous le nom de *plaine*, tandis qu'au delà de l'arc, on navigue sur *l'abîme* : c'est la première observation relative au socle continental, qui constitue un trait fort intéressant de la topographie sous-marine, à cause de sa constance sur la plupart des rivages. C'est comme uue marge du continent, dont la surface presque horizontale contraste avec la pente plus ou moins abrupte qui la limite vers la haute mer. Thoulet la comprend dans l'énumération des zones sous-marines et en fait le quatrième terme de la série qui commence par ces

trois étapes : le rivage, la plage et la zone littorale. Il
la définit par sa profondeur, comprise entre 20 et
200 mètres. Nous nous réservons de compléter l'histoire de ce trait topographique, au moment où l'étude
des phénomènes mécaniques qui ont leur siège dans
la masse océanique, nous fournira des données sur
son origine.

En somme, la topographie sous-marine, malgré
des efforts très intéressants et déjà très nombreux,
est bien éloignée encore d'être connue. Malgré la
multiplicité chaque jour plus grande des courbes bathymétriques, on est frappé de la gigantesque surface qui
n'a pas encore pu être examinée et de l'imprudence
que l'on commet, en appliquant aux intervalles des
sondages réels, un certain principe dit de continuité,
qui est bien loin d'être infaillible et qui pourra longtemps encore nous faire méconnaître une foule de
faits importants.

Et c'est bien l'occasion de faire remarquer à quel
point l'observation géologique, c'est-à-dire l'étude du
passé, peut venir à notre aide dans l'interprétation de
particularités qui nous seraient probablement incompréhensibles à tout jamais sans leur secours. En effet,
il est toute une série de véritables fonds de mer fossiles, qui se signalent à nous par la particularité stratigraphique désignée dans le langage classique sous
le nom de discordances.

En maintes régions, une coupe verticale du sol,
naturelle comme les escarpements des montagnes et
des falaises, ou artificielle, comme les fronts de taille
des carrières, nous mettent sous les yeux des assises
appartenant manifestement à deux groupes de forma-

tions superposées et parfaitement distinctes. On en
a décrit un type, bien visible dans la célèbre localité
de May (Calvados), où une série d'assises encore restées sensiblement horizontales comblent les irrégularités d'une formation sous-jacente prodigieusemen
plus ancienne et dont les couches sont non seulement inclinées, mais encore tordues, disloquées et
déchiquetées comme dans les régions les plus montagneuses.

Il faudrait être bien dépourvu d'imagination pour
ne pas revoir, au spectacle de la carrière de May, le
temps où les flots de la mer liasique, venaient battre
le pied de falaises constituées par les grès ordovi-
ciens, dont l'histoire, déjà si compliquée, comprenait
une phase d'éléments constitutifs d'une chaîne de
montagnes. La conquête de la mer sur la terre ferme
était trop rapide en ce point géographique, pour que
l'arasement de la roche ancienne fût réalisé, et les
sédiments charriés par l'eau s'étalaient en lits horizontaux, dont la forme générale n'était pas interrompue par la proéminence des innombrables pointes
rocailleuses. On peut même voir dans celles-ci, la trace
de petits îlots provisoires qui n'ont pas tardé à être
submergés et par conséquent complètement enfouis
sous la série constamment épaissie des lits secondaires.

D'ailleurs, il est facile de trouver des cas où un
chapitre plus avancé de la même histoire est résumé
en caractères géologiques. La pointe du cap Breton,
en Nouvelle-Écosse, nous le fournirait tout de suite.
La côte abrupte et contournée comme celle de May,
loin d'être formée de grès très durs, est composée de

couches de marbre carbonifère, roche relativement très tendre et facilement désagrégeable. Si nous voulons savoir à quoi peuvent ressembler les rapports de situation de la roche primaire et du sédiment qui la recouvre, nous pouvons faire appel au témoignage d'une localité maintenant accessible, puisqu'elle est en terre ferme et que reproduit, en ce moment, le mécanisme à l'œuvre sur la côte américaine. Il s'agit des environs de Valenciennes et d'Anzin, dans le département du Nord. A première vue, aucune région n'est plus éloignée de présenter les caractères qu'on attendrait d'un conflit de la mer et d'une chaîne de montagnes. Ces deux facteurs géologiques sont pourtant les artisans de cette plaine sévère et horizontale. C'est ce que nous ont appris les exploitants de houille, par les nombreux sondages dont ils ont criblé le pays. Grâce à eux, on peut refaire la coupe verticale de plus de 100 mètres de terrain et constater que, sous une centaine de mètres de lits superficiels horizontaux et formés de marnes et de calcaires, fort ressemblants aux dépôts actuels de la mer sur un grand nombre de côtes, on arrive sans transition sur un massif d'assises de marbres, de schistes et de charbon ayant exactement la composition et l'allure du cap Breton. N'est-ce pas comme une photographie, — si on pouvait la prendre, — des rapports de ce qui reste, sous la nappe atlantique actuelle, de la roche primaire érodée et des matériaux étendus sur sa tranche par la mer limoneuse qui vient d'opérer la démolition du relief côtier?

Le rapprochement de la coupe de May et de la coupe de la Nouvelle-Écosse nous donne bien une

idée des limites entre lesquelles peut varier la forme
d'un fond sous-marin dû à l'action démolissante de la
mer. Les détails s'éclairciront quand nous aurons
étudié la partie mécanique du phénomène et tout ce
que nous voulons retenir en ce moment, c'est qu'en
général, les irrégularités topographiques du fond sous-
marin sont moins accusées que celles du fond sous-
atmosphérique et peuvent même être supprimées
tout à fait.

Aucun sujet ne serait plus digne d'attention que la
nature du fond en chaque point. Mais jusqu'ici, on
paraît avoir posé le problème d'une manière quelque
peu imprécise, même en ce qui concerne la signification de cette expression qui paraît toute simple : le
fond de la mer.

Dans un cas comme celui du cap Breton, notre
tendance est de dire que le fond de la mer est
constitué par du terrain carbonifère, de même que
nous dirions que le fond de la mer liasique à May-sur-
Orne était formé de grès ordovicien. Mais si nous
passons à la pratique des sondages, nous sommes
forcés de reconnaître qu'il n'y a plus de comparaison
possible d'un cas à un autre. Supposons qu'on navigue
à une distance n'excédant pas un kilomètre de la côte
du cap Breton et qu'on recueille des échantillons du
fond, ce n'est évidemment pas du calcaire carbonifère que l'on rapportera, mais une quelconque des
innombrables variétés de vase ou de sable que les
courants apportent de régions qui peuvent être très
distantes et qui, tout de suite, ont mis la tranche de
la roche ancienne à l'abri de nos indiscrétions.

Cette remarque est inspirée par le désir de bien comprendre la signification de ces documents obtenus à très grand'peine et au prix de grands efforts, et qu'on a réunis sous le titre de « Lithologie du fond des mers ». Sans en méconnaître la haute valeur, il faut constater que les échantillons que nous rapporte la sonde, correspondent exactement à ce que nous fournit la charrue opérant en terre ferme. Or, on sait que la carte géologique, qui fait abstraction du sol arable, n'est aucunement comparable aux cartes telles que celles de Delesse et de l'Institut océanographique, lesquelles sont au contraire des correspondantes exactes de ce que nous appelons des cartes agronomiques.

La carte océanographique, rapprochée de la carte géologique actuelle, se signale avant tout par les contrastes qu'elle présente avec celle-ci. En conséquence, nous devons faire intervenir des précautions spéciales pour la compréhension de cette carte géologique elle-même, qui contient à chaque pas des incidents identiques à l'incident contemporain. En d'autres termes, le terrain qui se dépose aujourd'hui sous la mer, en un point quelconque, et les particularités que nous révèlent les sondages, correspondent exclusivement aux variations locales d'une couche prise à part dans un terrain antérieur, abstraction faite, bien entendu, des modifications minéralogiques ou morphologiques, introduites avec le temps par les agents métamorphiques. Aussi, quand on veut utiliser les cartes océanographiques, faut-il se pénétrer de la signification des relevés, surtout subordonnée à l'état dynamique de la mer et principalement à ses courants, bien plus qu'à la relation géologique des dépôts contemporains et des masses antérieures. Déjà Marsilli, que nous aimons à citer, fait allusion d'une manière très humoristique à l'enseignement procuré par les sondages, en comparant ceux-ci aux prises que l'on pourrait faire dans une pièce de vin, dans le but de chercher la matière du fût, et qui, formés de tartre et de lie, empêcheraient de reconnaître de quel bois est fait le tonneau. Jusque-là, on sera exposé à tirer des enseignements de la lithologie sous-marine des conséquences analogues à celles que le dragage de quelques débris volcaniques épars sur le fond de l'Atlantique, a conduit à formuler comme preuve de l'Atlantide de Platon et de sa submersion subite[1].

Quoi qu'il en soit, le fait de la localisation des mers est de conséquence notable quant à l'économie générale de la terre.

D'abord, l'existence des terres exondées, continents et îles, élargit considérablement la variété possible des points où prendront naissance les phénomènes : le contact immédiat de l'atmosphère inflige aux roches des réactions différentes de celles qui prennent naissance sous l'eau. En outre, la pluie agit tout autrement en tombant sur la terre ferme que sur la surface aqueuse : l'eau sauvage, qui constitue son ruissellement, érode et transporte les matières minérales.

Grâce aux continents, il se constitue des glaciers, très différents de la nappe de glace qui recouvre la surface d'une mer illimitée et dont le mode d'action se traduit par des produits très caractéristiques.

1. Pierre Termier, *Bulletin de l'Institut océanographique*, n° 256 (novembre 1912).

Par suite des mêmes circonstances, il se fait de
la poussière minérale en suspension dans l'air et
c'est une addition inestimable aux qualités de l'atmosphère. Physiquement, cette poussière a pour effe
de diffuser la lumière dans toutes les directions et de
rendre ainsi l'océan aérien infiniment plus brillant
qu'il ne serait par les seules émissions rectilignes des
foyers lumineux. Dans la même poussière minérale,
chaque grain provoque à sa surface l'adhérence intime
d'une gaine d'air qui par sa chute dans l'eau transporte du gaz comburant et avant tout respiratoire
jusqu'à de très grandes profondeurs sous-marines, de
sorte que la physiologie des animaux et des plantes
aquatiques en reçoivent une contribution des plus
appréciables.

Du reste, le fait qu'il existe des côtes, en déterminant le choc des vagues contre des solides au contact de l'air, ou, si l'on veut, en pulvérisant l'eau,
provoque la dissolution directe des gaz et par conséquent l'aération du liquide.

DEUXIÈME PARTIE

LES CARACTÈRES CINÉMATIQUES DE LA MER

CHAPITRE PREMIER

Les formes de l'énergie cinématique
dans la mer.

Le mouvement et la force mécanique des flots dérivent de trois sources principales.

L'une astronomique : c'est la marée ; la seconde, météorologique, c'est le vent ; la troisième géologique, c'est le phénomène sismique. Nous réunirons les deux premières comme déterminant des mouvements relatifs des diverses parties de la mer et la troisième restera à part, comme amenant des déplacements en masses de l'océan. Dans les trois cas, il y a nécessairement propagation d'impulsions au travers du liquide parfois aussi, il y a production de courants.

La marée. — La surface de la mer s'élève et s'abaisse périodiquement en effectuant une oscillation complète dans l'espace d'un peu plus de 12 heures : exactement 12 heures 25 minutes, dont le double, 24 heures 50 minutes représente l'intervalle de deux passages consécutifs de la lune au méridien.

L'amplitude de ce mouvement oscillatoire varie suivant les époques en chaque lieu. Sa valeur moyenne change d'un point à un autre.

Dans le cas le plus simple, comme sur le rivage d'Heligoland, dans la mer du Nord, la falaise qui plonge verticalement dans l'eau, change d'altitude par rapport à la surface marine suivant les moments, et sur la paroi verticale s'est dessinée une zone reconnaissable à son aspect corrodé, comprise entre les horizontales qui passent par les points représentant la basse mer et la haute mer. Parmi ces traces, la plus caractéristique consiste dans des végétations d'algues qui vivent hors de l'eau dans l'intervalle des marées.

Dans une région construite comme la côte normande, à Dieppe, le paysage maritime change d'une manière plus considérable. A la haute mer, la falaise plonge son pied dans les flots ; à marée basse, une zone horizontale se découvre et permet d'accéder sur le sol précédemment submergé et qui constitue un fond de mer intermittent, où le naturaliste peut étudier de nombreuses particularités du régime sous-marin.

Quand la côte est très basse et très peu accidentée, la zone comprise entre les deux niveaux extrêmes augmente beaucoup dans le sens horizontal. Dans la baie du Mont Saint-Michel, elle a plusieurs kilomètres de largeur perpendiculairement à la côte. Comme l'eau doit la recouvrir dans le temps que le niveau met à changer, le flot et le jusant sont animés d'une vitesse très grande. On a comparé l'allure du flot, les jours de grande marée, à la vitesse de la cavalerie lancée à la charge, et c'est dire quel danger elle entraîne pour le visiteur imprudent qui aurait inconsidérément suivi l'eau descendante.

Le phénomène des marées se fait sentir sur toutes les masses aqueuses, quel que soit leur volume, et il présente une dimension en rapport avec celui-ci. Les marées du lac Michigan, aux États-Unis sont de 3 centimètres à Milwaukee et de 7, à Chicago. La Méditerranée a des marées qui atteignent leur maximum au fond des golfes allongés, de façon à monter de 2 mètres 50 sur la plage des Syrtes, en Tunisie, aussi bien qu'à Venise, au nord de l'Adriatique. Le golfe du Mexique, les mers de Chine, des Célèbes, de Java, donnent des résultats analogues. Dans les cas les plus favorables, le phénomène des marées imprime à la surface soumise à la submersion et à l'exondation périodiques des caractères spéciaux qu'on doit se proposer de rechercher dans les formations géologiques, pour les comparer à celles qui datent du moment actuel.

Ce sont d'abord des traces physiques, comme les ruissellements déterminés par les filets d'eau rappelés à la mer par le reflux et qui, sur les plages de sable fin, donnent lieu parfois à des configurations très remarquables. Nous avons conservé, par voie de moulage au plâtre, des traces de ce genre qui se reproduisent à chaque marée sur les plages de Saint-Lunaire en Bretagne comme sur bien d'autres.

A côté de ce type spécialement net, il se fait plus

souvent des systèmes de rides et d'ondulations, que les Anglais ont désignés sous les noms de *ripple-marks* (traces d'écoulements) et de *rill-marks* (traces de ruissellements).

Quand la nature du sol est argileuse ou marneuse, l'action du soleil le craquelle et parfois d'une manière assez régulière pour lui donner l'apparence d'un carrelage ou d'une mosaïque, le vent pouvant d'ailleurs remplir les craquelures de sable fin, et même de débris de coquilles ou d'autres objets.

A côté de ces effets, qui se rattachent à l'intervention de la sécheresse relative, la même zone de balancement des eaux expose à l'air libre des détails qu'elle a acquis pendant ses moments de submersion. Telles sont les excavations creusées dans les roches par des animaux qualifiés souvent de lithophages. Un grand nombre de mollusques, de vers, d'échinodernes, se ménagent ainsi des sortes de cellules, où pendant le retrait de la mer, ils conservent autour d'eux assez d'eau pour éviter le desséchement.

On peut ajouter à cette série, les traces que certains animaux laissent à marée basse de leur déambulation sur les vases, où le promeneur a si souvent remarqué l'empreinte de ses propres pas.

Or, il nous importe beaucoup de constater que des roches, situées maintenant fort loin de la mer, et appartenant à des horizons géologiques, même fort anciens, offrent aux regards des vestiges analogues ceux que nous venons d'énumérer. La perfection des ressemblances est telle que personne ne peut hésiter à reconnaître que ces roches témoignent de leur séjour dans la condition littorale et par conséquent de

l'identité des mers anciennes avec l'océan d'aujour-
d'hui.

Les vents. La houle et la vague. — Les vents
agissent puissamment sur la mer. En passant au
contact de l'eau, l'air en mouvement y détermine un
déplacement qui, suivant les cas, donne lieu à la
houle ou à la vague et même à la simultanéité des
deux phénomènes.

La *houle* est une vibration de l'eau qui met la surface aqueuse dans une condition mécanique, comparable à celle d'une plaque élastique sur laquelle se
fait sentir l'action d'un archet. C'est presque une
figure acoustique qui s'y dessine par le soulèvement
et l'affaissement alternatifs de points voisins les uns
des autres. Ce n'est pas le frottement de l'air sur la
surface liquide qui détermine la houle, mais son
choc. La preuve en est qu'un flotteur s'y déplace
mais seulement en verticale, suivant une trajectoire orbitaire, recommençant indéfiniment sur place.
La vibration se propage comme celle qui donne lieu
aux ondes concentriques au point de chute d'une
pierre. Ces ondes ont une vitesse et des directions
centrifuges indépendantes par conséquent de celles
du vent, et qui se manifestent sans changement par
les temps les plus calmes. L'apparence résultante est
celle de sillons parallèles et de même profondeur
ayant un déplacement commun. Les réflexions lumineuses sur la surface houleuse peuvent permettre
d'apprécier les détails de cette mécanique spéciale.
Sur une rivière, où le passage d'un bateau détermine
une vraie houle, on voit se dessiner sur les rides des

bandes étroites qui s'associent pour entourer des zones claires de cadres sombres ; et des transformations très rapides de ces dispositions dans un même point, rappellent intimement les célèbres expériences de Lissajous sur la projection optique des figures acoustiques.

Au point de vue géologique, on reconnaît que la vibration révélée par la houle, peut se transmettre à une profondeur plus ou moins grande et agir sur la vase où le sable submergé se dispose de façon à donner au sol une forme ondulée, qui rappelle celle de l'eau elle-même. Des circonstances favorables, ayant amené de temps en temps la solidification et la conservation de semblables vestiges, nous possédons des échantillons de houle fossile datant de toutes les époques stratigraphiques. Signalons en particulier les grès siluriens à bilobites de Bagnoles-de-l'Orne : les grès permiens du Kronthal, dans les Vosges de Saverne, et ainsi de suite, jusqu'aux marnes supra-gypseuses d'Argenteuil.

En rapprochant les uns des autres les spécimens originaires de ces gisements d'ancienneté si diverse, on est frappé de leur uniformité qui proclame l'allure constante du même phénomène au travers de toute la durée sédimentaire. Un moment de réflexion suffit à montrer que si le vent était dès les temps paléozoïques aussi ressemblant à ce qu'il est aujourd'hui, une foule d'autres traits du milieu ambiant doivent nécessairement être restés les mêmes.

La vague résulte du frottement du vent sur l'eau et de l'entraînement liquide qui en résulte. Arago[1] en

1. *Œuvres complètes*, XII, 497. 17 vol. in-8° (1854-1860, Paris).

cite un exemple typique. Le 18 novembre 1824, le vent du N.-O. soufflant à l'opposé du cours de la Néva, empêcha l'eau du fleuve de s'écouler et éleva le niveau de la Baltique sur toute sa côte orientale, qui fut terriblement inondée. A Cronstadt, le changement de niveau fut de 3 mètres 70 et une grande partie des remparts fut détruite.

Si le frottement du vent est supprimé, la vague l'est en même temps. C'est ce qui explique la pratique qui consiste à « filer » de l'huile autour d'un navire, et qui a été remise en honneur à la fin du siècle dernier. Les Anciens l'avaient connue, car on lit, dans la traduction par Amyot des *Causes naturelles* de Plutarque : « Pourquoi est-ce que la mer arrosée d'huile pardessus, il se fait une clarté transparente et un calme et tranquillité au dedans? Est-ce pour autant qu'Aristote dit que le vent glissant pardessus l'huile qui est lissée et polie, n'a point de coups et ainsi ne fait point d'agitation? »

La profondeur à laquelle tout mouvement de la vague cesse de se faire sentir, est très faible et ne dépasse pas 6 à 8 mètres dans les cas ordinaires, ce qui justifie l'optimisme des partisans de la navigation sous-marine, qui y voient un moyen de soustraire les voyageurs à la tempête.

Les géomètres n'ont pas manqué de s'emparer de la question de la mécanique des vagues. D'après un Allemand, du nom de Zöppritz, [1] un vent soufflant d'une manière continue sans variations et absolument constante, sur une masse d'eau parfaitement calme,

1. Cité par Thoulet, *l'Océan; ses lois, ses problèmes*, p. 362, 1 vol. in-8°. Paris, 1904.

de surface et de profondeur infinies, la vitesse se propagerait dans le liquide de haut en bas et en diminuant. L'état stationnaire serait atteint quand la vitesse de la couche en contact avec l'air serait égale à celle du vent, ce qui demanderait un temps infini. Les choses changeraient d'ailleurs avec une profondeur finie : si l'épaisseur était de 4.000 mètres, le temps ne serait plus infini : il ne faudrait plus que 200.000 ans. En 100.000 ans, l'état stationnaire ne serait pas atteint à 200 mètres et à cette profondeur, il n'y aurait au bout de 10.000 ans que les 37/1000 de la vitesse de l'eau à la surface », etc.

Nous citons surtout ce travail comme un type des recherches mathématiques appliquées sans discernement à l'histoire naturelle. Outre qu'un état stationnaire est manifestement contraire, même pour un temps limité, à l'économie de la Nature, — où tout est constamment en mouvement, — on peut être sûr que le résultat des calculs ne s'applique jamais à aucun cas réel, d'innombrables influences, dont il est impossible de tenir compte, intervenant toujours.

La forme ondulée des vagues provient de la combinaison du mouvement orbitaire avec le déplacement apparent de la propagation de la vague. Les ondulations, visibles à la surface, se poursuivent en profondeur, mais en diminuant à mesure que celle-ci augmente.

La force mécanique des vagues peut être considérable. A Dunkerque, Yvon Villarceaux a reconnu que pendant les tempêtes, le choc des lames fait trembler le sol à 1.500 mètres du rivage. Le 23 novembre 1824, un orage qui éclata à Plymouth donna aux vagues la force d'enlever du fond de la mer des blocs de 2 à 5 tonnes pour les porter au sommet du brise-lames. Au cours de l'année 1892, une tempête qui sévit aux Bishops-Rocks (îles Shetland) porta à 100 mètres de distance des blocs de gneiss de 3.000 kilogrammes. Une colonne de fer de 7 mètres 50, pesant 3.000 kilogrammes, qu'on avait attachée au rocher à l'aide de chaînes, en attendant qu'elle entrât dans la construction d'un phare, fut déposée à 6 mètres de distance sur une falaise haute de 3 mètres. Déjà dans la même région, Hibbert avait vu un bloc de 16 tonnes dont les trois dimensions étaient 1 mètre 20, 2 mètres et 3 mètres 80, parcourir devant le flot un trajet de 153 mètres, en remontant une pente légère. Thoulet[1] cite un bloc de 1.350 tonnes, jeté à Wick, à une distance de 6 à 15 mètres.

A la rencontre d'obstacles convenablement orientés, les vagues subissent parfois une projection verticale, dont la hauteur peut être très grande. Le phare de Bell-Rock, en Écosse, qui mesure 34 mètres de haut, est souvent recouvert par la vague. Au phare d'Edystone les lames s'élèvent à plus de 50 mètres. Spallanzani cite au Stromboli[2] des vagues qui atteignaient près de 100 mètres de hauteur.

Parfois, ces jets ascendants déterminent des effets secondaires. Tout le monde a visité la roche du Paon (ou du Pan) dans l'île de Bréhat (Côtes-du-Nord qui, soulevée, malgré son poids énorme, retombe avec un bruit qui s'entend de fort loin.

1. *Oceanographie* (dynamique), p. 56.
2. *Voyage dans les Deux-Siciles et dans quelques parties des Apennins.* IV, 85. 6 vol. in-8°. Paris, an VIII.

Kinahan a désigné sous le nom de *Puffing Holes* (trous souffleurs) des conduits verticaux par où des jets alimentés par les vagues, surgissent à 15 ou 20 mètres, en lançant des galets, qui peuvent être très gros, avec un bruit de souffle très intense. On en connaît sur les côtes de l'Irlande ; il y en a dans le Yorkshire ; on en cite quelques-uns en Provence. Le Blower (souffleur) de l'île Maurice en est aussi un exemple.

En 1842, le célèbre ingénieur Thomas Stephenson a construit un dynamomètre spécialement destiné à la mesure de l'effort résultant du choc des vagues : c'est un large disque de fer faisant face à la mer et qui est monté sur des tiges horizontales pouvant glisser dans des gaines, malgré la résistance d'un très énergique ressort à boudin. Gradué par des pressions artificielles il permit d'évaluer la pression de l'eau lors de certaines tempêtes, à 17 et même à 30 tonnes par mètre carré.

Forme des falaises. — Le produit le plus sensible du travail mécanique réalisé par la vague, c'est la falaise.

« Là s'élève une montagne dont la tête s'avance et pend en précipice sur la mer qui écume à ses pieds. »

Qui parle ainsi? Shakespeare, dans le *Roi Lear*, et cette description a valu à la falaise de Douvres une immortelle célébrité : les Anglais ne l'appellent jamais que *the Shakespeare's cliff*. Elle a son pendant à Dieppe, dans la grande muraille blanche et verticale, d'une centaine de mètres de haut, toujours entretenue par la mer en état de propreté et de fraîcheur.

On a proposé plusieurs étymologies du mot falaise : il ressemble fort au mot grec φαλος (*phalos*) qui, selon Planche, signifie littéralement « rocher apparent qui s'élève au-dessus de la mer », ce qui répond bien à la description de Shakespeare.

La description des falaises peut se diviser en deux parties relatives l'une à leur forme, l'autre à leur substance.

Quant à la forme, elle varie dans des limites assez larges. La plus simple, celle de la falaise de Dieppe, diffère profondément de celle des falaises de Bretagne, où le rivage est capricieusement accidenté, les caps alternant avec les golfes, les uns et les autres étroits et allongés. Ces dernières falaises ont rarement leur front bien vertical, parce que les roches sont ordinairement en feuillets inclinés.

Il y a des falaises de très faible hauteur : on pourrait en commencer la série à Saint-Aubin (Calvados), où de vraies petites falaises n'ont pas plus de 2 mètres ; à Houlgate, on trouve 30 mètres ; on dépasse 100 à Dieppe et la falaise d'Ovifak, au S.-O. du Groënland, excède 700 mètres.

Pour la longueur, la mesure est moins précise, à cause des vallées qui débitent l'escarpement en tronçons successifs. C'est ainsi qu'on a bien la notion d'une seule et même falaise tout le long des 200 kilomètres qui séparent le Havre de l'embouchure de la Somme ; c'est de même que la falaise norvégienne se continue sur des milliers de kilomètres, grâce aux innombrables inflexions des fjords, bien qu'à chacun de ceux-ci un cours d'eau se précipite dans la mer au fond d'une véritable gorge.

L'érosion ne se borne pas à produire cette muraille à pic qui bien souvent se complique d'accidents variés dont les plus caractéristiques sont des grottes ou cavernes qui peuvent avoir de grandes dimensions. Il y a, par exemple, dans la falaise du Pollet, à la porte de Dieppe, une grande caverne qui est envahie par l'eau à chaque marée haute et qui devient accessible quand la mer est basse.

Ordinairement, la réalisation par érosion du profil typique du mur à pic, est précédée de quelques étapes plus ou moins provisoires. Souvent, il se produit comme un déchaussement du pied de la paroi qui ne tarde pas à se trouver en corniche sur une fraction plus ou moins grande de sa hauteur totale. Dans un second temps, surtout quand la falaise est traversée de cassures verticales, comme en Haute-Normandie, un *placage* peut se décoller tout d'une pièce et rester debout comme une sentinelle avancée faisant face aux entreprises du flot.

Certaines grottes de falaises sont devenues célèbres, même parmi le grand public, à cause de leur forme en nef d'église et des effets de lumière parfois féeriques qu'elles offrent aux visiteurs. La grotte de Morgat (Finistère) est dans ce cas et plus encore la grotte dite d'Azur, dans l'île de Capri. La grotte de Fingal, dans l'île de Staffa, l'une des Hébrides est limitée par des colonnades qui lui donnent une architecture fantastique. C'est un véritable tunnel que la mer a percé de part en part dans une nappe de basalte constituant le chapeau d'un îlot tout entier et qui

aurait probablement disparu tout entier, sans le dur
bouclier de la roche éruptive. De semblables perforations se rencontrent en diverses localités. On cite
aux Antilles anglaises, dans l'île de Gaspary, une
grotte où l'on descend par un puits et où l'on peut
sortir sur la mer en canot. Tout près de nous, Étretat,
nous fournit un exemple des plus célèbres, dans la
« porte » de sa falaise.

Enfin, il faut évidemment rattacher à l'érosion qui
produit les variétés de falaises, celle qui donne naissance aux marmites de géants. Le long des falaises
constituées par des roches dures et tenaces, comme
en Bretagne, en Norvège ou en Laponie, les accidents
de ce genre sont spécialement caractérisés. On y voit
des cavités cylindriques renfermant les outils qui les
ont pratiquées, c'est-à-dire des galets, désignés fréquemment sous le nom de meules : ces sphéroïdes
pierreux et dont le poids est parfois énorme, tour-
billonnent sous l'influence du flot de tempête et tri-
turent progressivement les roches qui les supportent.
Ce procédé d'érosion peut d'ailleurs se retrouver dans
des régions où les roches constituantes sont privées
de la dureté du gneiss et de ses congénères et même
où elles peuvent atteindre le maximum de la friabi-
lité. C'est pourquoi jusqu'au pied de nos falaises de
Normandie et de Picardie, on peut rencontrer de
jolies petites cavités qui mériteraient, par comparaison, le nom de marmites de nains. A Onival (Somme),
ces accidents sont très nombreux, serrés les uns à
côté des autres, à la surface de la craie blanche,
entaillée horizontalement par le jeu des vagues. Chacune des cavités contient sa meule génératrice, un

galet de silex, dont l'extrême dureté assure la production et la croissance rapides. Seulement, la fragilité de la roche crayeuse ne permet pas à la cavité de durer bien longtemps et le charriage de la nappe de galets à la première tempête, nivelle la plage qui bientôt s'accidente de nouveau. J'ai rapporté, il y a quelques années, des spécimens de ces accidents, maintenant exposés au Muséum.

Substance des falaises. — Il est remarquable qu'un grand nombre de roches très différentes soient aptes à prendre la forme de falaises.

Dans beaucoup de régions, on rencontre de vraies falaises de glaces : c'est le front de glaciers, mais profondément différent de celui des glaciers continentaux, par l'influence de la mer. Celle-ci n'opère pas comme sur les falaises pierreuses : elle se borne à soulever les blocs naturels dont la juxtaposition constitue le glacier et que ses courants emportent au loin. Au Groënland, le front de glace atteint une hauteur de 300 mètres et s'étend sur d'immenses longueurs.

Aux Sables-d'Olonne, les schistes cristallins bordent la mer en dressant au-dessus de l'eau des feuillets fortement inclinés sur l'horizon. Les grès, et surtout les quartzites comme au Cap Frehel, d'une si belle couleur rouge, s'érigent en falaises tout particulièrement caractérisées. Il en est à peu près de même pour les calcaires cristallins, comme à Pigeon-Cove, dans le Massachusetts, où les assises forment les marches d'un escalier gigantesque. Les calcaires compactes des variétés les plus communes donnent des falaises on ne peut mieux caractérisées : celle de Boulogne-sur-Mer est classique, à cause du *pli* des couches qui les composent et qui constitue une vraie figure démonstrative pour des explications de géologie. Il n'est pas jusqu'aux argiles qui ne se prêtent à la constitution de falaises : à l'embouchure de la Dives (Calvados), les *Vaches-Noires*, sont célèbres aussi bien par la bizarrerie de leurs formes, — un troupeau noir qui se baignerait, — que par l'abondance de leurs fossiles.

A côté de ces exemples, procurés par des roches homogènes, il en est dans lesquelles la complexité de la substance amène des incidents morphologiques imprévus. Tel est le cas pour la Grande-Côte (Loire-Inférieure), caractérisée par des aiguilles nombreuses qualifiées par les marins du nom de « demoiselles » et tristement fameuses par les dangers qu'elles font courir à la navigation. Chacune de ces aiguilles est due à l'isolement d'un filon résistant de quartz ou d'autres substances, traversant la masse de la roche ambiante, moins difficilement désagrégeable.

Les intrusions de roches déterminent des accidents encore plus volumineux, et sous deux types pour ainsi dire opposés : tantôt, comme à la Garde-Guérin, près de Saint-Lunaire (Ille-et-Vilaine), des dykes de diorite quartzifère se présentent en saillie environnés du gneiss qu'ils avaient traversé; tantôt, comme à Rockport-Point (côte orientale du Massachusetts, cap Anne), un filon formé de matériaux facilement délayables, a laissé comme un couloir entre deux parois de roches cristallines encaissantes.

En plusieurs circonstances, les falaises nous ont révélé l'existence de gisements métallifères. En

Cornwall, la mine de cuivre et d'étain de la Providence,
est exploitée sous la mer par des galeries, dont l'entrée est ouverte à mi-hauteur des falaises, au point
où la coupe naturelle a révélé l'existence du minerai.

A Diélette, près de Cherbourg, une mine de magné-
tite est dans le même cas et, par le gros temps, les
mineurs entendent les galets s'entre-choquer sur leurs
têtes.

Citons enfin l'exemple, remarquable entre tous, de
la falaise d'Ovifak, dans l'île de Disko, sur la côte
S.-O. du Groënland. Elle est constituée, sur 700 mètres
d'épaisseur, par des nappes de basalte superposées,
dans les masses desquelles sont incluses d'énormes
portions de dolérite renfermant par une exception
peut-être unique des granules et jusqu'à des blocs de
plus de 20.000 kilogrammes de fer natif. Cette constitution, reconnue en 1870 par le voyageur Nordenskjold,
a jeté un jour inespéré sur l'économie des profondeurs
de la terre.

**Puissance mécanique de la vague aux époques
passées.** — Déjà nous avons constaté dans la série
sédimentaire l'existence de véritables galets dont la
forme et le volume ne présentent pas la plus minime
différence avec ceux des galets modernes.

Cette remarque suffirait à faire prévoir que la mer
est restée sans changements notables quant à son
économie mécanique. La tempête a toujours été le
procédé par lequel l'eau marine continue à constituer
au travers des temps, un milieu propre à la vie organique. Ce n'est pas le seul cas, à beaucoup près, où
les phénomènes qui nous frappent avant tout par leur

caractère désastreux à notre égard, se révèlent à la suite d'une étude suffisante, comme les rouages mêmes de la machine universelle. Sans tempête, sans l'émulsion qui en résulte pour les eaux agitées au contact de l'air, il n'y aurait pas, et nous l'avons déjà dit, l'aération indispensable aux animaux même les plus aquatiques, qui se noieraient lamentablement sous l'eau, comme nous nous y noyons nous-mêmes. C'est par le même mélange que se fait aussi, pour une part, l'épuration du milieu marin, en brûlant certains résidus de la vie qui fatalement s'opposeraient bientôt à la continuité de la vie elle-même.

Voyons quelques localités où les mers géologiques ont laissé des vestiges, offrant des traits de ressemblance particulièrement caractérisés avec les productions actuelles.

On exploite à Thionville-sur-Opton, près de Chartres, le calcaire grossier qui repose sur la craie blanche à silex. La surface supérieure de la craie est ravinée et recouverte des résidus mêmes de sa propre démolition. Ils varient souvent sur deux points peu éloignés l'un de l'autre, de manière à affecter deux faciès bien distincts. Ici, ce sont les produits de l'altération de la craie sous l'influence des agents atmosphériques et consistant en argiles mélangées de rognons très branchus de silex. Là, au contraire, ce sont des matériaux accumulés évidemment par le travail d'érosion accompli par la mer sur une falaise crayeuse. Dans les interstices de ces galets se présentent des coquilles fossilisées, très délicatement conservées et qui sont de l'âge du calcaire grossier. L'examen attentif démontre que la mer

4

lutétienne, comme on l'appelle, c'est-à-dire celle
qui a déposé le calcaire grossier, est venue battre
dans la localité destinée à être de nos jours Thionville-sur-Opton, une falaise de craie de tous points
comparable à la falaise actuelle de Dieppe. L'identité
se poursuit jusque dans les détails; car quand on
peut, devant Dieppe, s'éloigner assez de la ligne
extrême du littoral, on reconnaît que d'anciens galets,
maintenant accumulés loin de la côte, au lieu de faire
courir à des coquilles le danger d'être écrasées par
leur ballottement, leur procurent au contraire, grâce
à l'immobilité qu'ils ont acquise, un refuge très sûr,
dans les interstices qui les séparent.

Cette constatation se rattache à la coexistence sur
la côte actuelle de Dieppe, comme sur la côte éocène
de Thionville, d'une série remarquable de dépôts disposés parallèlement à la côte. Comme on le verra
plus loin, l'appareil littoral consiste à chaque instant
dans le dépôt simultané, en des localités contiguës,
de matériaux différents. Sur la plage de Dieppe, le
reflux nous permet à chaque marée basse d'assister
pour ainsi dire à l'extension de trois sédiments de ce
genre : près de la falaise, c'est de galets qu'il s'agit,
disposés en une bande de largeur très notable, à
laquelle succède la nappe de sable fin dont les
baigneurs attendent le recouvrement, pour avoir sous
les pieds un sol agréable; enfin, à la suite du sable
commence une nappe vaseuse de limon. La coexistence de ces trois produits, si nettement différents,
est à ce point fréquente, qu'on la désigne souvent sous
le nom de trilogie littorale. Sans épuiser ici son histoire, qui nous réserve bien des détails intéressants,

remarquons qu'elle résulte évidemment du triage des matériaux auxquels donne lieu la falaise voisine. Le fait de ce triage mérite d'être signalé ; c'est grâce à lui que la mer se révèle comme un outil, collaborant sans relâche à l'évolution terrestre, par la séparation en assises distinctes qu'elle réalise, des éléments très complexes accumulés dans la masse des terrains sédimentaires par la circulation des eaux profondes.

De tous côtés, nous recueillons des preuves de plus en plus nombreuses et de plus en plus variées de l'uniformité, au travers des âges, du mécanisme réalisé par la mer.

Parmi les détails qui se rattachent à ce point de vue, il en est un, tout spécialement éloquent : dans de nombreux points de notre littoral de Haute-Normandie et de Picardie, par exemple à Onival, on rencontre sur les plages de véritables galets constitués par de la craie blanche. Ce sont des blocs de blanc d'Espagne, que les flots roulent en certains points avec des précautions telles qu'ils en font des ovoïdes parfaitement réguliers et dont les formes, comme les dimensions, sont les mêmes que celles des galets ordinaires en silex. Seulement, ils sont aussi tendres que ceux-ci sont durs, ce qui ne les empêche pas d'être parfois mélangés les uns aux autres.

Eh bien, à Thiverval, localité qui ressemble à Thionville-sur-Opton et où la mer qui a déposé le calcaire grossier à l'époque tertiaire, venait battre une falaise de craie, nous avons recueilli des galets de craie blanche, qu'il ne faudrait pas mélanger avec ceux d'Onival, si on ne voulait pas les confondre irrémédiablement les uns avec les autres. Répétons qu'une semblable conformité s'oppose d'avance à toute supposition d'une mer tertiaire différant de la mer actuelle, par quelque particularité mécanique que ce soit. .

Aussi sommes-nous singulièrement encouragés à tirer de ces faits des lumières relatives à des particularités inaccessibles de l'océan d'aujourd'hui, grâce à des notions procurées par l'étude des dépôts fossilisés des océans disparus. Revenons, par exemple, à ce *socle continental* décrit plus haut, mais dont l'origine et le mode de formation semblent avoir laissé les géologues indifférents.

La coupe perpendiculaire à la ligne littorale d'un pays montagneux montrerait au-dessous de la zone d'oscillation des marées, le socle continental, brusquement terminé par un abrupt vers la haute mer.

Mais on verrait aussi au pied de la montagne la section du cône d'éboulis qui ne manque jamais sur le flanc des chaînes, et qui même rend parfois si difficile d'approcher les roches constituantes du relief en place.

On ne peut qu'être frappé de l'analogie de ces deux dépôts et s'il y a une différence dans leurs profils, elle paraît dériver des particularités du mode d'accumulation détritique, suivant qu'elle se réalise dans l'air ou dans l'eau. Tandis que dans l'air ou dans l'eau, elle se termine par une pente de 40° sur l'horizon, elle se développe dans l'eau avec une inclinaison beaucoup moindre à cause de la *poussée* que les débris éprouvent de la part du fluide ambiant, relativement très dense, et la limite est brusque pour la région où les poussières ne peuvent plus rester en suspension, à cause du repos presque complet du liquide.

Ce rapprochement entre les deux milieux atmosphérique et aqueux, semble susceptible d'application géologique. Bien des roches de tous les âges, auxquelles on a attribué des origines variées, peuvent, en effet, être regardées, en conséquence de ce qui précède, comme des résultats de la fossilisation de simples éboulis. C'est spécialement ce qui a lieu quand on y trouve des galets striés, considérés si illégitimement comme glaciaires. Dans le nombre, il en est certainement qui seront reconnues comme représentant quelque soc continental fossile dont la détermination fournira un document nouveau à la paléogéographie.

Nous laisserions une lacune grave dans l'histoire des falaises, si nous ne nous préoccupions de retrouver leurs traces au cours des périodes géologiques. Nous y sommes d'autant plus invités que, sans sortir de l'époque tout à fait récente, nous rencontrons des reliefs qui ont joui de tous les caractères des falaises, mais qui sont maintenant privés de la fonction de celles-ci.

Aux environs du Bourg d'Ault, dans la Somme, la falaise qui borde la mer depuis l'embouchure de la Seine quitte la ligne littorale et, tout en gardant sa direction rectiligne, pénètre dans le continent, en laissant un vaste espace entre son pied et la Manche. Il est vrai que la portion, ainsi éloignée de la vague, n'a pas la forme verticale si essentielle dans la falaise, mais il est facile de voir que cette forme a été récemment perdue pour laisser se développer le profil qui résulte de l'action dénudatrice de la pluie. Il s'agit en effet d'une véritable ligne de falaises qui a été progressivement soustraite à l'action du flot par l'interposition d'un rempart composé par l'amas des galets innombrables. Le conflit entre le courant général de la Manche, dirigé au N.-E. et le cours sous-marin de la Somme, qui à partir de son embouchure suit franchement une direction opposée, retire à l'eau mouvante le pouvoir de faire progresser les galets vers le Pas de Calais, comme ils le faisaient auparavant, et c'est ainsi que s'est constituée cette vaste région triangulaire qui a bien probablement été la marraine du bourg de Cayeux[1]. Cet exemple pourrait nous faire douter qu'une falaise, déchue de son rôle actif, puisse conserver des traits aptes à la faire reconnaître. Aussi, est-il intéressant de constater d'autres circonstances qui peuvent être plus favorables.

Sur notre côte méditerranéenne, les Baoussé Roussé (Rochers Rouges) constituent bien évidemment une falaise distante de la mer, et l'on a reconnu que cet éloignement résulte du soulèvement lent subi par le sol. A cet égard, la découverte des cavernes superposées sur le flanc du rocher a fourni des documents démonstratifs. Les vestiges qu'elles renferment ont, pour toutes, établi l'usage qu'en ont fait d'anciennes populations de pêcheurs, et leur comparaison a révélé qu'elles sont de plus en plus anciennes à mesure qu'elles sont plus haut situées. Les générations suc-

1. Ch. Cloëz, *les Bas champs du sud de la Somme. Bulletin mensuel* du Groupe parisien des anciens élèves de l'École polytechnique, décembre 1909.

cessives déménageaient de caverne en caverne, à mesure que le soulèvement les éloignait de l'eau et mettait à leur portée de nouveaux asiles mieux placés.

Reste à savoir cependant ce que deviendrait un pareil gisement fossilisé, c'est-à-dire qui, par suite de l'affaissement général, serait enfoui et incorporé dans la masse de la terre.

Aux environs de Calais, la tranche de la falaise actuelle fait voir, perpendiculairement à sa direction générale, une disposition qui répond en partie à la question. On y voit, tout en haut de la falaise d'aujourd'hui, une accumulation de galets, séparés de plusieurs mètres, en verticale, de la nappe des galets actuels, et qui sont patinés, couverts d'un enduit ocreux et pourvus de ces résultats d'une longue immobilité, qualifiés d'impressions. L'amas couronne la falaise actuelle qui, en arrière, c'est-à-dire du côté de la terre ferme, est limitée par le plan vertical de la craie, ancien front de la falaise avant le soulèvement.

Il résulte de cette remarque qu'on peut retrouver des traces reconnaissables de l'existence d'une falaise fossilisée. En l'appliquant à certaines coupes relevées, par exemple, dans la formation des faluns, on peut admettre que la présence au même niveau et des deux côtés d'un plan qu'à première vue, on pourrait confondre avec une faille, indique une falaise fossile. C'est ce qui se serait produit si la falaise de Calais, en n'interrompant pas le phénomène de subsidence qui la déplace actuellement, avait pu enfouir au lieu de se soulever. Le tunnel qu'on rencontre

en Norvège, au travers de toute la masse du rocher
de Torgatten, montre de même comment une trace
de falaise pourrait se conserver. Les deux voûtes
d'entrée et de sortie ont, l'une 71 mètres et l'autre
40 mètres de cintre et se trouvent l'une et l'autre
123 mètres au-dessus du niveau de la mer. Nul doute
que ce tunnel ne date d'un temps antérieur au mouvement d'exhaussement de la Laponie, alors que les
flots pouvaient y pénétrer. S'il se produisait dans la
région un affaissement permettant son ensevelisse-
ment, cette disposition conserverait des traces de son
origine littorale. Aussi, dans les pays soumis à l'affaissement, se produit-il nécessairement de tels effets,
dont la possibilité nous est démontrée par l'observation de leurs contraires.

Les Courants de la Mer. — La mobilité océanique
représentée, dans ce qui précède, par la houle et par
la vague, se complique beaucoup, dans l'intimité de
la masse aqueuse, où l'on peut reconnaître les délinéaments d'une véritable circulation intérieure.

« Lorsque la mer est parfaitement calme, dit Humboldt [1] il parait à sa surface des bandes étroites semblables à de petits ruisseaux et dans lesquelles les
eaux coulent avec un bruit très sensible pour l'oreille
d'un pilote expérimenté. Par 34°6' de latitude N.,
nous nous trouvâmes au milieu d'un grand nombre
de ces lits de courants. Nous pûmes en relever la direction à la boussole. Les uns portaient au N.-E. ; d'autres à l'E.-N.-E., quoique le mouvement général de
l'océan, indiqué par la comparaison de l'estime et de

1. *Voyages aux régions équinoxiales*, I, 153.

ıa longitude chronométrique, continuât à être au S.-E. On peut observer ce phénomène journellement à la surface de nos lacs ; mais il est plus rare de trouver des mouvements partiels imprimés par des causes locales à des petites portions d'eau, au milieu d'une rivière pélagique qui occupe un espace immense e qui se meut 'dans une direction constante, quoique avec une vitesse peu considérable. Dans le conflit des courants, comme dans l'oscillation des vagues, notre imagination est frappée de ces mouvements qui semblent se pénétrer et dont l'océan est sans cesse agité. »

Sans prétendre décrire toutes les catégories de courants marins, nous en mentionnerons les formes les plus caractéristiques et nous rappellerons tout d'abord les courants alternatifs et de peu de durée qui constituent le flux et le reflux qui accompagnent les marées. La principale addition à faire aux descriptions données plus haut du phénomène des marées, concerne le retard qu'elles éprouvent ou, si l'on aime mieux, le temps qui sépare en chaque lieu, le passage de la lune au méridien et le moment de la pleine mer. Cette différence, que les marins appellent *l'établissement d'un port* ou de tout point du littoral, témoigne de l'action retardatrice exercée par la mer sur l'eau qui glisse à sa surface : il s'augmente au voisinage des rivages et surtout dans les mers les moins profondes et les plus étroites. C'est le correspondant du frottement exercé sur l'eau des rivières par les berges et le fond et sur l'eau solide s'écoulant suivant une pente dans les vallées de glaciers.

Des courants de la mer peuvent être réguliers sans

être permanents ; ils sont alors périodiques et on ne peut en citer d'exemple plus net que les moussons de la mer des Indes. Il serait de la plus haute utilité de posséder de bonnes cartes des courants réguliers de la mer. Déjà le P. Kircher a formulé ce *desideratum* et a même tenté d'y satisfaire. Parmi les savants qui ont voulu apporter de la précision dans le sujet, il est juste de citer Georges Pouchet qui a répandu, sur une vaste échelle, des flotteurs soigneusement construits et qui pourraient conduire à des notions très précieuses[1]. L'un des mieux définis de ces courants réguliers, parti de l'océan Glacial de Sibérie, aboutit à la côte orientale du Groënland en passant par le bassin polaire. On en eut la triste notion par l'histoire de la *Jeannette* qui, prise dans la banquise au S.-E. de la terre de Wrangel, subit une dérive de deux ans et fut brisée au nord des îles de la Nouvelle-Sibérie. Ensuite les lamentables épaves de ce bâtiment furent découvertes sur un glaçon (reste de la banquise) près du Julianahavn au Groënland. Ce glaçon, charrié par le courant marin, parcourut 2.900 milles marins en 1100 jours. Nansen avait pensé à se faire transporter par le même courant au voisinage du pôle : « accomplir sur un navire le voyage des épaves de la *Jeannette* ». Il manqua son point de départ [2].

Un trait général des mers est de présenter une zone médiane, pour ainsi dire stagnante, encadrée par des courants côtiers parfaitement définis. A cette

1. *Expériences sur les courants de l'Atlantique nord.* In-8°, avec 3 planches. Paris, 1889.

2. *Vers le Pôle,* traduit par Ch. Rabot, p. 4, in-8°. Paris, Flammarion.

région centrale, correspond la mer des Sargasses, si mauvaise pour la navigation, prairie flottante dont les débris s'enfoncent dans les eaux et forment au fond une accumulation d'algues mortes. Il est vraisemblable que certains gisements géologiques de débris végétaux marins se rattachent à l'existence dans les mers anciennes, de dispositions circulatoires comparables. C'est ainsi qu'à divers niveaux, et par exemple dans l'épaisseur du terrain tertiaire, se présentent des argiles toutes remplies d'empreintes d'algues telles que *Chondrites Targioni*.

Le Gulf-Stream. — Le type le plus remarquable parmi les courants réguliers de la mer actuelle, le *Gulf-Stream*, présente dans son allure une constance si accusée qu'il faut regarder son rôle comme fondadamental dans l'économie de la mer, si bien qu'après l'avoir étudié dans ses détails, nous serons autorisés à rechercher, dans les formations géologiques, des vestiges de courants ayant joué le même rôle que lui.

On sait que le *Gulf-Stream* sort du golfe de Mexique par le détroit de Floride et qu'il traverse l'Atlantique en écharpe, de façon à venir baigner les côtes de Portugal, de France, d'Angleterre et de Norvège. Après avoir contourné l'Islande, il redescend le long des côtes du Labrador et vient rencontrer la branche montante dans la région du banc de Terre-Neuve. Déjà Maury[1] a comparé les courants de la mer à des rivières. Pour le *Gulf-Stream*, il dit : « Il est un fleuve dans l'Océan ; dans les plus grandes sécheresses,

1. *The physical geography of the sea and its meteorology.* 1 vol. in-8°. Londres, 1855.

jamais il ne tarit ; dans les plus grandes crues, jamais il ne déborde. Ses rives et son lit sont des couches d'eau froide entre lesquelles coulent à flots pressés ses ondes tièdes et bleues. Nulle part sur le gobe, il n'existe un cours d'eau aussi majestueux. Il est plus rapide que l'Amazone, plus impétueux que le Mississipi et la masse de ces deux fleuves ne représente pas la millième partie du volume d'eau qu'il déplace ».

C'est à lui que notre pays doit de jouir d'une température si douce, comparée au climat rude qui sévit sous le même parallèle dans l'Amérique du Nord.

Et Maury décrit le conflit du courant froid qui vient du Groënland avec le courant chaud originaire du golfe du Mexique et qu'il rencontre à l'embouchure du Saint-Laurent. Il montre les cétacés polaires reculant comme épouvantés, devant *la barrière de feu* que leur opposent les eaux venant du sud.

Si la trajectoire de ce courant bienfaisant, se modifiait, par exemple par l'obstruction du canal de Floride, à la suite d'un développement suffisant des madrépores qui en garnissent les côtes, tout l'équilibre météorologique de l'Europe en serait transformé. Peut-être aurions-nous un climat analogue à celui du Kamtschatka qui est sous la même latitude. On voit à quel degré la mer, grâce à ses courants, se présente comme un organe de distribution et de régulation de la température.

Les courants fossiles. — De quelle époque date l'existence des courants réguliers dans la mer ? en ont-ils toujours été des détails obligés, ou bien, sont-ils un apanage des temps actuels ? Il semble que cette question peut être résolue par un procédé détourné. Nous basant sur ce seul fait bien constaté, que le Gulf-Stream progresse en décrivant des méandres et que ces méandres se modifient peu à peu, nous sommes autorisés à établir une comparaison entre les fleuves océaniques et les cours d'eau continentaux, car la même mécanique générale préside à l'équilibre des uns et des autres. Or, nous savons que les fleuves et les rivières, par une conséquence inévitable de la *divagation* de leurs méandres, remanient les sables qui constituent leur fond, de façon à leur donner une structure des plus caractéristiques qualifiée d'amygdaloïde et que montrent si éloquemment les coupes du diluvium des environs de Paris. Si l'on suppose un Gulf-Stream passant par une mer de profondeur suffisamment faible, on peut prévoir que le même travail de réfection du fond s'accomplira et que la structure amygdaloïde sera réalisée. Il est fort important de constater que le Gulf-Stream jouit de l'allure changeante qui donne lieu pour les rivières continentales, à la *divagation des méandres* : en juin 1909, le capitaine John Gardner, commandant le vapeur *Philadelphia* de la « Dominion Line » a déclaré avec preuves à l'appui, que par 40° de longitude ouest, il avait trouvé le courant d'eau chaude coulant vers l'ouest au lieu de suivre sa direction normale vers l'est[1].

Il est évident que les documents de l'époque actuelle doivent nous faire défaut; les vases draguées dans les parties les moins profondes du Gulf-Stream

1. D'après un fait divers porté sur la couverture du journal *La Nature* en 1909.

perdent toute leur anatomie, par le fait seul de leur récolte, et la ressource est, au contraire, d'aller interroger les vieux sédiments.

Ils sont très éloquents et même très fréquents, pourvu qu'on les interprète correctement, car là où nous voyons de véritables gulf-stream fossiles, on s'est quelquefois borné à voir un simple accident de la sédimentation marine ordinaire. C'est ainsi que dans son *Cours de géologie et de paléontologie stratigraphiques*, l'illustre Alcide d'Orbigny signale[1] une carrière de grès d'Auvers (Seine-et-Oise) qui lui paraît résulter de courants irréguliers, tout à coup déchainés dans la mer, les uns dans un sens, les autres dans des directions différentes, entre des périodes de calme subit. Au cours de nos excursions géologiques autour de Paris et plus loin, nous avons retrouvé des gulf-stream fossiles de tous les côtés, comme à Neuilly-Plaisance (Seine-et-Oise), dans les marnes marines supérieures au gypse ; à Guiscard (Oise), dans le terrain thanétien ; au Ruel (Seine-et-Oise) dans le bartonien ; à Arcueil (Seine), dans le calcaire grossier à milioles (lutétien) ; à Marquise (Pas-de-Calais), dans le calcaire bathonien à *Clypeus Plotti* ; à la carrière dite du Velours, auprès de Plombières, dans le grès triasique (grès bigarré) (Vosges) ; au Kronthal, dans le permien de la chaîne des Vosges, etc.

Malgré la cataclase intime si ordinaire des gneiss, il peut y exister des blocs relativement volumineux qui ont résisté à la pulvérisation totale et dans les-

2. Tome II, p. 748, 2 vol. in-18. Paris, 1849 et 1851.

quels on retrouve des traces de la structure antérieure au métaphorphisme. De même que des fossiles déterminables ont pu s'y conserver, comme à Sainte-Brigitte (Morbihan), on explique de la même manière la structure lenticulaire ou amygdaloïde de certaines roches archéennes rappelant celle des sédimentations fluviaires.

C'est le cas pour le micaschite archéen, décrit par M. Sederholm[1] comme provenant de la région du lac de Mouhijarvi, Suodeniemi (Finlande).

En même temps, ces diverses observations ouvrent des aperçus sur l'explication de phénomènes actuels et nous en pouvons conclure qu'en des points de profondeur convenable, le Gulf-Stream d'aujourd'hui édifie des sédimentations amygdaloïdes. La drague ne nous peut rien dire sur la structure des dépôts actuels de la mer, nécessairement disloqués pendant leur ascension au travers de l'eau ; grâce au témoignage géologique, nous nous l'imaginons aisément.

Une autre catégorie de gisements propres à nous guider dans la découverte des gulf-stream fossiles, concerne des dépôts littoraux très récents et pour une part au moins, contemporains. Il s'agit cette fois du surturbrand, matière ligniteuse que les antiques sagas ont chantée comme un prodige et qui forme en certains points de l'Islande, à Baula et à Hvammur, des amas parfois considérables. Bien que la couche de charbon soit à plus de 200 mètres d'altitude, on peut affirmer qu'elle a pris naissance, à la fin du tertiaire au plus tard, sur le littoral de l'île, qui a été

1. Compte rendu du IX* Congrès géologique international tenu à Vienne en 1903, p. 609, 1 vol., 1904.

ensuite soulevé par les phénomènes volcaniques si
actifs dans le pays. On y voit des troncs d'arbres de
toutes dimensions et dont quelques-uns mesurent
jusqu'à 65 centimètres de diamètre[1], trahissant par
les trous de tarets dont ils sont traversés en tous sens,
le flottage qui les a amenés des zones tropicales.

Ce dépôt a dû prendre naissance au fond d'un fjord
ou d'une petite baie correspondant à l'embouchure
d'un torrent, qu'on désigne sous le nom de Surturbrand. « Toutefois, dit le Dr Eug. Robert, ce n'est pas
le torrent qui a amené le bois flotté : celui-ci est
entièrement composé par des végétaux tropicaux ».
La collection du Muséum possède de ce gisement, des
fragments d'acajou percés par des tarets. D'un autre
côté, le surturbrand est associé à du verre volcanique
ou obsidienne, qui l'empâte fréquemment et qui provient d'éruptions postérieures à l'accumulation du
combustible. Aussi, la seule interprétation est-elle de
voir dans le gisement, un point où le Gulf-Stream a,
avant le soulèvement, léché les côtes de l'île et y a
porté des matériaux flottables originaires de son
point de départ, c'est-à-dire du golfe du Mexique.

Ceci posé, c'est avec intérêt qu'on se sent autorisé
à reconnaître des exemplaires antérieurs de l'histoire du surturbrand dans certains gisements géologiques. On a décrit dans plusieurs coupes du terrain
jurassique inférieur, vers le niveau qualifié de bathonien, des associations de débris de plantes tropicales

1. D'après le Dr Eugène Robert : *Voyages de la Commission
scientifique du Nord*, pendant les années 1838 à 1840, à bord de
la corvette *la Recherche* (Géologie), p. 46, in-8°, sans lieu ni
date.

avec des coquilles de climats tempérés. Peut-être pourrait-on faire entrer dans la même série, le très intéressant gisement de bois bruni, troncs parfois volumineux, jetés en désordre les uns sur les autres, qui se présente si inopinément à l'Enfourchure de Grammont, près de Joigny (Yonne) et qui est empâté dans les sédiments thanétiens superposés à la craie blanche sénonienne. Quand le gisement islandais actuel aura été couvert d'une épaisseur suffisante de sédiments, il aura acquis, à la différence près du mélange volcanique, les caractères que nous venons de résumer.

Cause des courants. — Les courants de la mer dérivent suivant les cas de causes variables. On peut citer d'abord ceux qui ont dans l'action du soleil leur moteur principal. Tels sont : 1° la rotation de la terre autour de son axe ; 2° l'échauffement inégal des diverses parties de la mer, suivant les régions et par conséquent suivant les climats ; 3° le déversement dans la mer des eaux continentales sous les deux formes principales de ruissellements pluviaires et de courants fluviaux ; 4° l'inégalité de la salure des diverses portions de l'océan ; 5° la surgescence de sources d'eau douce sous-marines.

D'un autre côté, les forces internes du globe, dérivant de son foyer propre de chaleur, interviennent aussi : 6° par l'éruption sous-marine de produits volcaniques, qui agissent non seulement par leur poussée mécanique mais aussi par des échauffements locaux ; 7° enfin, par les mouvements verticaux de l'écorce terrestre (bossellements généraux) détermi-

nant des déplacements en masse du bassin océanique.

Nous ne saurions insister, sans sortir de notre
programme, sur chacune de ces formes. Le seul point
à souligner concerne la circulation générale des
océans qui ne peut pas être rigoureusement identique
à celle qui s'est déclarée dans les mers primitives. Le
régime de celles-ci s'est nécessairement modifié au
cours des temps, pour parvenir à l'état actuel. Nous
savons que les climats sont d'institution relativement
récente. Les témoignages paléontologiques procla-
ment très éloquemment, pendant toute l'époque primaire, du développement de conditions tropicales,
jusque sous les pôles, par la présence de fossiles de
formes végétales, comparables à celles des forêts de
nos régions torrides.

Parmi les causes de courants évoquées tout à
l'heure, il en est plus d'une qui peut être retrouvée
pendant les durées géologiques, grâce à leurs effets
latéraux dans la constitution du sol : par exemple,
celle qui résulte du déversement dans la mer des eaux
continentales. Le mélange des débris charriés par un
fleuve avec les dépôts ordinaires du bassin maritime
détermine dans le produit résultant un faciès spécial
qualifié d'estuarial.

Le rôle des fleuves, vis-à-vis de la mer, n'a pas
toujours été bien compris. En 1816, Delamétherie
considérait l'apport aqueux des eaux courantes
comme la source principale des eaux océaniques[1]. Il
calcule, sans préciser d'ailleurs ses données « qu'il

1. *Leçons de Géologie données au Collège de France*, par
J.-C. Delamétherie, I, 261, 3 vol. in-8°. Paris, 1816.

faudrait 4557 ans pour que l'ensemble des fleuves de toute la terre portât dans les mers une quantité d'eau égale à celle qui y est rassemblée actuellement. »

Il ne faut pas oublier que la perte infligée à l'océan par l'évaporation est entièrement réparée par la pluie. Tout ce qui tombe d'eau sur les terres exondées s'ajoute à ce qui tombe directement des nuages sur la mer. Aussi, le cube d'eau douce déversé dans l'océan est-il beaucoup plus grand que celui qu'on était porté à lui attribuer avant réflexion[1]. D'ailleurs, le trajet de l'eau entre ces deux causes qui apparaissent tout d'abord, le nuage et le sol, est beaucoup plus compliqué qu'on ne le voit tout d'abord. L'eau que reçoit la terre ne s'y infiltre pas toute ; l'eau qui ruisselle ne ruisselle pas toute ; l'eau des rivières ne coule pas toute jusqu'à l'embouchure ; dans tous les cas, une portion se volatilise et retourne à l'atmosphère, presque avant de l'avoir quittée. Même l'eau solide, sous forme de flocons de neige, de grêlons ou de glace compacte, est soumise à la même loi qui s'amplifie encore par l'action du vent. Ainsi, la couche d'eau qui tombe actuellement dans le bassin de la Seine avec ses 54 centimètres d'épaisseur moyenne, la surface étant de plus de quatre millions d'hectares, est bien loin de se retrouver dans le débit des exutoires du bassin. Il ne passe sous le pont Royal que le tiers environ de la pluie tombée sur la surface, dont les eaux courantes viennent se réunir dans la Seine.

1. V. à ce sujet Arago, *OEuvres complètes*, VI, 278, 17 vol. in-8°, Paris (1854-1860).

D'après Lortet, le volume d'eau débitée en un an à l'issue inférieure de chaque bassin est de 2 à 9 fois plus faible que ce que donnerait la pluie tombée.

Les rentrées d'eau dans la mer, par les régions resserrées que constituent les embouchures des fleuves, donnent lieu à de véritables courants marins. Le Saint-Laurent, le Mississipi, les Amazones, nous fournissent des exemples devenus classiques. Déjà nous avons rattaché au faciès estuarial, des localités mixtes en ce sens que les matériaux marins y sont mélangés à une contribution continentale, comme c'était le cas pour le gisement du surturbrand. Il nous reste à constater que dans un nombre bien plus considérable de localités, la même association de matériaux d'origines distinctes se produit, par l'introduction dans la mer d'un cours d'eau continental. C'est dire qu'on doit prévoir leur rencontre à des niveaux sédimentaires très variés. De sorte que l'embouchure nous apparaît comme une disposition géographique, en même temps que comme un appareil géologique, dont l'équilibre de la terre ne s'est jamais passé depuis l'émersion de la première terre. Citons presque au hasard, comme témoignant en faveur de cette conclusion : la mollasse de Mont-sur-Lausanne, du terrain miocène, où des débris de plantes terrestres sont mélangés à des huîtres; — les innombrables gisements exploités dans le Soissonnais, où des huîtres encore, mais cette fois d'âge sparnacien, font avec des cyrènes et des mélanies, des lits présque continus au contact de lambeaux de lignite (cendres noires) provenant de la macération d'herbes et de bois; — les couches cénomaniennes à végétaux terrestres, qui se sont fossilisées au Beausset (Var) dans les eaux d'embouchure où vivaient des mélanies et des potamides ; — le célèbre gisement d'Hastings, où des os énormes de reptiles dinosauriens et où des coquilles marines néocomiennes sont intimement associées à toute une botanique de terre ferme ; — les exploitations séquaniennes de lignites fluvio-marins du cap Mondégo et de Valle-Verde, en Portugal ; — le gisement de combustibles qualifié d'abord, et à tort, de houille, qui a rendu célèbre l'île de Kébao, et d'autres localités du Tonkin, où toute une flore rhétienne s'est fossilisée dans des conditions qui paraissent coïncider avec celles qui sont réalisées aujourd'hui à la sortie du Mississipi, etc.

Certains courants marins ont pour origine la diversité, selon les points, du degré de salure de l'eau. La mer est moins salée sur ses bords qu'au large, à cause des fleuves d'eau douce qui s'y déversent sans répit. Par une application peut-être un peu imprudente du principe d'Archimède, on en a conclu que la surface océanique n'est pas horizontale, qu'elle est surélevée au voisinage des rivages et excavée vers le milieu de son bassin. Ce phénomène s'ajouterait à celui déjà mentionné, comme dérivant de l'attraction exercée sur la masse des eaux par les substances solides des rivages.

Sans examiner le plus ou moins de réalité de ces suppositions, on peut voir là un cas de superposition de nappes d'eau inégalement denses et, par comparaison avec la constitution atmosphérique, où des vents superposés poussent des nuages en divers sens, la promesse de quelque lumière sur la mécanique de la mer.

La Caspienne nous montre un cas remarquable de
courants évidemment déterminés par la collaboration
de plusieurs causes, la Volga déversant dans cette
mer fermée, une énorme quantité d'eau douce qui
s'étend en nappe sur l'eau marine de la profondeur.
On sait que sur son bord oriental, la mer subit un
véritable appel vers le Kara-Boghaz, grâce à la poro-
sité du sol sableux et à l'évaporation intense qu'y déterminent les conditions climatériques de cette région
de la Perse. Il se constitue, sans aucun doute, dans
l'épaisseur du terrain perméable, une accumulation
du sel gemme et des autres substances solubles, qui
édifient peu à peu dans le sable argileux un gisement
dont nous avons les équivalents, à des niveaux géologiques variés, depuis le silurien de Salina et le permien de Stassfurth, jusque dans le tertiaire de Car-
dona, en Espagne.

Une partie des conditions précédentes se réalise
sur la ligne littorale des mers bordées par le front de
taille des grands glaciers, comme au Groënland, au
Spitzberg et dans l'Antarctique. Ici encore, il s'établit
une couche d'eau de fusion très peu salée, sur le
liquide normal de la mer. Cette variété des embouchures mérite d'autant plus d'être citée, au point de
vue de l'interprétation de faits géologiques, que les
débris du glacier aboutissant à la mer ou icebergs,
sont fréquemment chargés de matériaux minéraux
empruntés au continent et qui abandonnés à la chute
verticale, quand leur précaire radeau est suffisamment
fondu, vont se stratifier sur le fond submergé, en
mélange avec des éléments d'origine marine. On a
cité des glaces flottantes portant des ours blancs qui

s'y étaient imprudemment confiés et dont les ossements, abandonnés après leur mort, sur le fond océanique, pourraient exposer les géologues de l'avenir à attribuer à l'habitat d'*Ursus maritimus* une extension géographique exagérée.

La surgescence de sources sous-marines d'eau douce est évidemment très fréquente. Rappelons comme exemples le rivage de Cassis (Bouches-du-Rhône), où l'eau douce s'étalant sur la mer, développe des courants rayonnants, contre lesquels il faut lutter pour parvenir au centre de l'éruption ; — le golfe de la Spezzia, que Spallanzani décrit comme formant sur la mer un mamelon aqueux de 30 à 40 centimètres de hauteur ; — la baie de Xagua (côte méridionale de Cuba) ou les navires, sans toucher terre, s'approvisionnent d'une eau douce abondante et propre aux usages domestiques, etc.

Ce que fait l'éruption d'eau, en déplaçant les flots ambiants, les manifestations volcaniques sous-marines le renouvellent en divers pays et sous plusieurs formes. Des courants chauds et chargés de principes variés ont été signalés lors de l'apparition si inopinée, en 1835, de l'île Julia, sur le littoral S.-O. de la Sicile ; comme lors des convulsions répétées de Santorin, en Grèce, à différentes époques ; comme le cataclysme de la Martinique en 1902, où une colonne aqueuse ascendante, émise par le sol sous-marin, marquait au thermomètre 45° en parvenant à la surace.

Les raz de marée, consécutifs aux chocs sismiques, sont à mentionner ici, comme modifiant les éléments de la sédimentation et comme ayant pu amener, aux.

époques antérieures à la nôtre, des mélanges de matériaux, inexplicables sans leur intervention. A Lisbonne, en 1755, et depuis lors, au Chili, au Japon et ailleurs, le phénomène s'est renouvelé avec ampleur.

Au cours de la crise du Krakatau, les 26 et 27 août 1883, la mer se couvrit de lames de 30 à 35 mètres de hauteur, balayant les rives et détruisant tout sur les 500 kilomètres de leur trajet. La vague entra souvent à 3 kilomètres dans les terres, où l'on retrouva des bâtiments échoués, et quelquefois même, dit-on, jusqu'à 10 kilomètres de distance.

CHAPITRE II

Les déplacements en masse de la mer.

Le moment est venu de nous arrêter à un genre de manifestations mécaniques qui, bien qu'incomparablement plus volumineuses que les précédentes, ont été beaucoup plus difficiles à constater et sont longtemps restées méconnues. Il s'agit du déplacement progressif de la limite réciproque de la terre ferme et de l'océan, déplacement qui constitue l'un des traits les plus efficaces de l'évolution planétaire tout entière, qui se rattache à tous les chapitres de la géologie générale, et sans lequel aucune notion relative aux profondeurs de l'écorce terrestre n'aurait pu nous être acquise.

On sait qu'à l'heure actuelle, il est des localités continentales qui cèdent peu à peu à l'envahissement des mers. Notre côte de Bretagne, de Normandie, de Picardie est dans ce cas. Au contraire, des pays non moins nombreux sortent lentement des flots : c'est le cas pour le nord de la Scandinavie, comme pour le littoral de la Ligurie. En Sicile, les plages soulevées jouent un grand rôle dans la topographie des régions littorales.

Nous n'avons évidemment pas à faire ici l'étude

des causes auxquelles il est inévitable de rattacher
ces remarquables phénomènes et nous devons nous
contenter de rappeler qu'ils résultent de la flexibilité
de la très mince écorce rocheuse qui sépare l'enve-
loppe atmo-océanique, du noyau non solidifié du
globe. Ces masses encloses étant en voie de refroidissement ininterrompu et diminuant sans cesse de
volume, se contractent en obéissant à un déplacement
continu vers le centre géométrique de la terre. La
croûte ne partageant pas la propriété contractile de
la région fluide interne, est contrainte, pour suivre
son support, à se déformer : certaines de ses parties
s'affaissent pendant que d'autres, par contre-coup, se
soulèvent. Des fractures résultent de l'excès de tor-
sion et les segments voisins de la matière rocheuse
glissent tangentiellement les unes sur les autres, de
façon à compenser, par ces recouvrements de lames
de charriage, la diminution de surface horizontale
par une augmentation d'épaisseur.

Les bossellements généraux se signalent à nous,
comme déterminant dans la masse océanique des
écoulements selon les pentes qu'ils infligent au profil
de la surface solide. Tantôt l'impulsion aura pour
conséquence la conquête par l'eau de régions peu
accidentées qui formaient ses rives basses ; tantôt, au
contraire, cette même impulsion lente déterminera
l'attaque de rivages en saillie et amènera l'eau à y
entailler ces sections verticales, dont le type nous a
déjà occupé sous le nom de falaises. Dans tous les
cas, il y aura transport de l'action marine d'un point
à un autre et par conséquent déplacement des traits
qui constituent le *faciès marin*.

Si nous nous transportons dans l'autre hémisphère, dans l'océan Indien et le Pacifique, nous trouvons des faits analogues. Kotzebue cite des îles, dans les archipels Carolines et Marshall, emportées pendant les tempêtes. Un indigène racontait qu'il vit à Radack la mer montée jusqu'au pied des cocotiers. Il est courant de voir dans les mêmes parages des îles devenir des écueils, après que l'inondation a fait périr la plupart des habitants. Les îles Whitsunday et Gloucester, dans le groupe Pomotou, se sont considérablement réduites depuis la description qu'en a faite celui qui les a découvertes, le capitaine Wallis. Dès le commencement du xviiᵉ siècle, les naturels des îles Maldives racontaient aux voyageurs que les grandes marées diminuaient toujours le nombre des terres. Les progrès de l'affaissement du sol crevassent et divisent les atolls de ce groupe, et en changent la forme.

Il sera possible de reconnaître dans l'épaisseur terrestre la réalisation à beaucoup de reprises, pendant les durées géologiques, des effets que nous venons de rappeler. Les plus évidents se présentent sous la forme classique des transgressions et des régressions stratigraphiques.

Parmi les exemples les plus nets que la géologie stratigraphique peut nous procurer, nous avons fait une place à part à la coupe du sol de Valenciennes. On se rappelle que sous la surface horizontale du terrain superficiel, règne un massif rocheux arasé à sa partie supérieure par la même mer dont les eaux ont déposé ses sédiments. On ne peut trouver nulle part une preuve plus manifeste de la substitution, dans un point donné, du régime océa-

nique au régime continental et montagneux ; et cette
localité est un type de déplacement horizontal de la
mer à l'époque secondaire.

Nous pouvons rapprocher de la coupe dont il s'agit
et qui remonte au dernier moment des temps jurassiques, l'état de choses que la géographie nous présente sur un point particulièrement bien connu, de
la pointe orientale du Canada. La mer y attaque une
falaise composée de terrain carbonifère. Avançant
toujours, elle étale sur la tranche horizontale, pratiquée au travers du terrain primaire, les matières
minérales qu'elle charrie et qui s'accumulent sous la
forme de lits horizontaux constituant le terrain moderne. Qu'on suppose la mer supprimée et une coupé
possible dans ce sédiment, jusqu'à son substratum
primaire, on reproduira, trait pour trait, les conditions
du bassin d'Anzin, avec cette seule aggravation que
la différence d'âge entre le substratum et le tégument
superposé sera beaucoup plus grande. Le sous-sol
d'Anzin, sans mettre sous nos yeux une falaise fossile,
nous donne l'impression de l'existence momentanée
d'une falaise qui, démolie sans relâche par les flots, a
reculé sans cesse devant les progrès de la haute mer.
Aussi, peut-on signaler comme intermédiaires entre
l'ancien phénomène et le phénomène actuel, certaines localités où la mer s'est établie à une époque
relativement peu éloignée. Voyons, à ce sujet, ce qu'on
peut appeler l'histoire géologique de la Manche.

Au cours d'une tempête de la fin de 1862, le géologue Lennier[1], vit la mer abattre 15 mètres d'épais-

1. *L'Estuaire de la Seine*, 2 vol., grand in-4° et un atlas. Le
Havre, 1885.

seur du cap de La Hève. Depuis lors, les phares durent
être reculés, sous la menace des écroulements. Sur
le rivage opposé, la ville de Brighton, qui, au temps
de la reine Élisabeth (1533-1603) n'était qu'un village
de pêcheurs, avait alors son centre en un point où la
mer roule maintenant ses flots, même à marée basse
et sur lequel la jetée a été construite. Dès le xviii* siècle,
Lamblardie évaluait à un pied par an la corrosion
moyenne des côtes de la Haute-Normandie et à une
toise, le recul annuel du cap de La Hève. Au sud de
La Hève, les éboulements ont, depuis un demi-siècle,
consommé un mètre du plateau par an, sur une longueur de 400 mètres. D'après Beete Jukes, la falaise
de Douvres a reculé de 2 kilomètres en mille huit
cents ans, ce qui fait un mètre dix par an en moyenne...
Ajoutons, d'après une publication toute récente de
M. de Varigny [1], que des mesures prises les unes en 1825,
les autres en 1912, conduisent à admettre qu'en
quatre-vingt-sept ans, la falaise crayeuse de Mers, au
Bourg d'Ault, a reculé de 26 mètres en moyenne
chaque année.

Dans un très grand nombre de cas, et en particulier
pour ce qui concerne les côtes normandes, l'érosion
marine reçoit une contribution très notable de la part
des eaux continentales, c'est-à-dire des ruissellements
d'eaux sauvages et d'eaux courantes qui, le long de
la ligne littorale, soit superficiellement, soit sous le
sol à cause de la perméabilité des couches, se précipitent dans la Manche.

La section verticale pratiquée par la mer recoupe

1. Comptes rendus de l'Acad. des sc., t. CLXII, p. 227 (1916).

fréquemment, en effet, des niveaux d'eau souterrains, en active la vitesse d'écoulement et augmente le travail dont ils sont capables. On en a un exemple bien typique au pied du cap Blanc-Nez, dont l'à-pic intéresse la surface de contact de la craie sénonienne très perméable sur la craie turonienne étanche. Un véritable rideau aqueux tombe verticalement sur le galet tout le long de ce contact stratigraphique.

La forme que prennent souvent les éboulements de falaises confirme l'opinion que l'eau douce continentale y joue un rôle direct. Le 30 juin 1866, un éboulement se produisit au cap La Hève sur plus de 500 mètres de longueur, selon une ligne parallèle à la mer. Le glissement entraîna plus de 2 millions de mètres cubes qui descendirent tout d'une pièce et refoulèrent le cordon de galets pour en faire un promontoire s'avançant de plus de 40 mètres dans la mer. Au commencement de 1906, on voyait encore très bien le placage qui s'était décollé de la paroi verticale de la falaise et qui était incliné en arrière, à cause de la plus grande hâte du pied à progresser. De La Bèche a publié une coupe où l'on voit nettement l'eau continentale préparer la besogne à la mer en lui offrant des tranches successives de falaises descendues, par le jeu de niveaux d'eau souterrains, et que la mer n'a plus guère qu'à délayer.

N'oublions pas la véritable collaboration, fournie par l'affaissement général du sol, et sans laquelle, comme nous venons de le dire, le recul continu du littoral ne serait pas compréhensible. Si l'on considère le moment de l'équinoxe, où le vent et les autres circonstances météorologiques concourent pour donner à la grande marée son maximum d'amplitude, on doit reconnaître qu'une fois réalisée dans ces circonstances éminemment favorables, la corrosion de la falaise ne saurait être poussée plus loin.

Le fait de la persistance de son recul, même après le renouvellement, plusieurs fois séculaire, du maximum d'érosion, suffirait à faire deviner que le sol subit un affaissement, qui remet constamment à la portée de la vague de nouvelles portions de roches à désagréger. On sait qu'on a constaté directement la réalité de ce phénomène et il serait fâcheux de ne pas insister d'un mot sur cette association, pour un résultat commun, de ces deux formes si distinctes de l'activité terrestre : l'affaissement général de la croûte terrestre et la projection de la vague contre le rivage.

Dès maintenant, nous sommes en possession des principaux moyens d'élucider l'histoire géologique de la Manche. Il est utile toutefois d'ajouter encore que les courants de la mer jouent un rôle incontestable dans cette opération locale. Les vicissitudes par lesquelles passe chaque galet du cordon littoral de notre côte en témoignent très nettement. Théoriquement, un galet de dimension ordinaire subit un simple balancement perpendiculaire à la ligne littorale, pendant le grand mouvement alternatif de la marée. En réalité, sa trajectoire est modifiée par une influence mécanique dirigée vers le N.-E., c'est-à-dire comme le courant. Au lieu de remonter avec la mer, suivant une ligne normale à la ligne de flot, il dévie quelque peu dans le sens indiqué, et quand il descend, une nouvelle déviation s'ajoute à la première, de façon

que malgré la faiblesse du phénomène, et à cause de
sa répétition indéfinie, certains galets se trouvent
portés fort loin de leur localité d'origine. C'est ainsi
qu'on ramasse au Tréport, parmi les galets siliceux,
quelques galets formés de granit et d'autres roches
du Cotentin.

La considération du courant de la mer est utile à
la compréhension de l'ouverture de la Manche.

Le premier fait à constater, c'est que la constitution
géologique des côtes françaises et des côtes anglaises,
qui leur font vis-à-vis, est partout concordante. Un
coup d'œil sur la carte géologique montre que le
canal marin coupe un ensemble très symétrique,
dont une partie constitue ce que nous appelons le
bassin de Paris et une autre le bassin de Londres.
Cette remarque établit une comparaison entre la
Manche considérée dans son ensemble et un certain
nombre de vallées d'érosion, comme la vallée de la
Seine. La soustraction, relativement récente, de
matières entre les deux berges, apparaît comme un
fait incontestable; et la grande différence avec les
vallées, c'est que la mer a accompli ici le travail
d'érosion que la pluie a réalisé dans l'autre cas.

Dès 1751, Desmarets, s'appuyant sur la carte
bathymétrique de Buache, — la première qui ait été
publiée, — a signalé d'une manière lucide l'allure progressive qu'a nécessairement eue la séparation de la
France et de l'Angleterre[1]. Les courbes de niveau
résultant des sondages, en montrant que l'outil de
creusement a travaillé certainement du S.-O. vers le

1. *L'Ancienne jonction de l'Angleterre à la France*, 1 vol.
Paris, 1751.

N.-E., fait ressortir la forme du fond qui, suivant l'axe de la Manche, est en dos d'âne, tandis que perpendiculairement, elle est partout en fond de bateau. On s'imagine très bien, à l'origine, un simple golfe ouvert entre le cap Saint-Mathieu et le cap Lands'End, d'abord étroit et peu profond, s'évasant et pénétrant de plus en plus dans les terres au cours des temps. Les lignes de fonds de Buache, donnent comme une image des progrès réalisés et font assister par la pensée à la constitution d'un *isthme de Calais*, dernier trait d'union entre la France et l'Angleterre, se rétrécissant d'une manière continue jusqu'à se rompre, pour laisser la place au détroit actuel. En s'appuyant sur les faits cités plus haut quant au recul progressif des falaises, Thomé de Gamon pensait qu'il suffirait de remonter de 60.000 ans dans le passé, pour revoir l'isthme conjonctif.

Le fait d'affaissement a été constaté sous une forme particulièrement frappante au large de Sainte-Adresse, où l'on trouve, sur le fond submergé, une station humaine, datant de l'époque dite du Mammouth, et qui a fourni une série remarquable de silex taillés acheuléens. Le point où a été faite cette trouvaille était évidemment le sol d'une vallée, dont l'affaissement a conjuré son écroûtement, comme a été conjuré celui de tant de localités aux entours du Mont Saint-Michel, de Cherbourg (Manche) et de Saint-Lunaire (Ille-et-Vilaine) où l'on peut parfois, par les basses mers d'équinoxe, fouler le sol d'une forêt avec sa mousse, son épais lit de feuilles et les souches de ses arbres. D'après le grand travail géodésique, qui depuis 1875, a démontré l'af-

faissement des régions mesurées en 1806 par Bour-
daloue, Cherbourg, s'est affaissé d'un millimètre par
an et le Havre de deux millimètres. En supposant le
phénomène régulier, on pourrait introduire, grâce au
gisement de Sainte-Adresse et pour la première fois,
des évaluations chronométriques, chiffrées en années,
dans la préhistoire de l'homme.

Ce qui précède suffit pour montrer quelle part les
bossellements généraux ont dû prendre dans la distribution des vestiges laissés par les mers géologiques.

Les coupes d'innombrables régions révèlent, dans
une série stratigraphique supposée la même, deux
dispositions qui manifestent, l'une vis-à-vis de l'autre,
une espèce de symétrie. En numérotant de 1 à 4, par
exemple, les formations dont il s'agit et en traçant
sur la carte la limite d'extension de chacune d'elles,
il arrive de trouver, tantôt que 4 déborde 3, qui
déborde 2, qui déborde 1 ; — tantôt que 4 est débordé
par 3, débordé lui-même par 2, lui-même débordé
par 1. Dans le premier cas, on dit qu'il y a *transgression* et dans l'autre *régression*. Tout d'abord, il faut
insister sur le témoignage que nous donnent ces
coupes, quant à la continuité du phénomène océanique dans le temps. Partout où il y a trangression,
on peut être assuré d'être en présence d'un affaissement progressif, ou, comme on dit, d'un déplacement positif de la mer. S'il y a régression, au contraire, c'est une région en voie d'exhaussement, ou,
comme on dit, de déplacement négatif de la mer qu'on
a sous les yeux. Rien ne peut donner une idée plus
frappante de la *palpitation* dont la croûte terrestre
est animée et qui détermine cette « émigration » des

continents, — qu'il est plus exact d'appeler l'émigration des mers — et qui, répétons-le, a rendu possible l'existence de la Géologie.

Ne quittons pas ce sujet sans faire au moins une allusion à toute une branche d'études qui, dans ces dernières années, a tenté de s'affirmer comme une science proprement dite, séduisante d'ailleurs entre toutes, sous le nom de Paléo-géographie. On est allé jusqu'à donner, pour chaque période de l'évolution terrestre, des cartes géologiques, comparables aux cartes géographiques proprement dites et où l'on voit le siège de continents, d'îles et de détroits, etc. Mais il y a assez longtemps maintenant que nous faisons de la cartographie pour être bien pénétrés de l'extrême fragilité des délinéaments géographiques. Ils se modifient, en plus ou moins de temps, mais ils se modifient toujours. Aux exemples de reculs de falaises que nous avons cités plus haut, nous pouvons ajouter le tableau saisissant de ce qui se passe sur les côtes de la Hollande, du Sleswig, du Jutland. « L'île de Wangerooge, dit Elisée Reclus[1], débris de l'antique Wangerland, qui rejoignait le continent et s'étendait au loin sur la mer, était encore, en 1840, une île florissante et peuplée... Aujourd'hui, c'est une plage de vase, presque entièrement abandonnée. L'île de Nordstrand a diminué des onze douzièmes, depuis le commencement du xvııᵉ siècle et, des vingt-quatre îlots qui l'entouraient, il y a trois cents ans, il n'en reste plus que onze. La sonde, jetée à l'endroit où se trouvait alors le centre de l'île, indique une profondeur de 14 mètres... En 1825, la mer s'est ouvert un chemin

1. *La Terre*, II, 206, 2 vol. in-8°. Paris, 1869.

à travers toute la péninsule de Jutland en creusant le détroit de Lymfjord ». Mêmes changements de tous côtés, dans l'espace d'un à deux siècles, dans cette mer du Nord. Il va sans dire que des exemples analogues seraient fournis par l'Atlantique et le Pacifique.

Mais les édifications de la mer changent les rivages autant que ses destructions et que ses envahissements : nous aurons plus d'une fois l'occasion de le constater. Les embouchures se déplacent. Des îles se réunissent, soit entre elles, soit au continent, comme Giens, autrefois île, aujourd'hui presqu'île entre Hyères et Toulon, comme le cap Sépet, près de Toulon, comme Quiberon, comme la pointe de Séhar en Bretagne, réunies à la terre ferme par des chaussées.

Miquelon, avant 1829, se composait de deux îles. Des cartes successives du bassin d'Arcachon nous feraient assister au prodigieux allongement du cap Ferret qui, en moins de soixante ans, s'est avancé de 5 kilomètres dans le chenal. Si l'on substitue, au très petit nombre de siècles qui interviennent dans l'observation géographique, la durée d'une période géologique même très limitée, il faut reconnaître que la comparaison devient impossible. Il n'est sans doute pas exagéré de supposer pour certains cas qu'une même mer a pu changer complètement de bassin, cédant à l'influence d'un mouvement de bascule dans un sens déterminé, de façon à doubler par le déplacement progressif de ses traces la surface qu'elle a réellement occupée. D'un autre côté, ce n'est que dans des cas relativement très rares que l'on peut se flatter de rétablir un rivage avec sa direction réelle. Rien n'est dlus facile que de reconnaître un point littoral d'une mer déterminée : les galets peuvent suffire, à défaut d'autres indices. Mais aussi, rien n'est plus imprudent que de déclarer que deux points littoraux de la même mer ont été placés sur la même ligne de rivage. La Manche, que nous avons étudiée, nous fournira encore ici un exemple démonstratif. Supposons qu'après avoir été recouvert de sédiments indéfiniment accumulés, son fond soit ramené à une altitude compatible avec les observations des géologues. Dans tous les pays où une coupe le mettra au jour, ou dans ceux où on l'atteindra par un forage, il présentera un niveau de galets et l'on sent tout de suite la conclusion morphologique à laquelle on arriverait en joignant ces divers points par une ligne qui n'aurait aucune raison pour accompagner le rivage d'un moment quelconque et qui pourrait même lui être perpendiculaire. Le mécanisme par lequel la Manche a acquis peu à peu sa dimension actuelle nous indique, sans contestation possible, que, sur toute sa surface, s'étend une nappe continue de galets qui au fur et à mesure de l'avancée de la masse liquide, s'est recouverte d'une nappe de sable, puis d'une nappe de limon.

CHAPITRE III

Les produits sédimentaires de l'énergie cinématique de la mer.

Le bassin des mers constitue un immense laboratoire de sédimentation. Sollicitées par la pesanteur, les poussières tenues en suspension dans l'eau agitée, tendent à s'accumuler sur le fond submergé, dans les endroits suffisamment tranquilles. On voit dès l'abord la dimension des applications géologiques d'un pareil genre d'étude. Grâce aux lumières qu'il nous procurera, nous pourrons reconstituer par la pensée les conditions dans lesquelles chaque sédiment a pris naissance : c'est-à-dire restaurer la manière d'être des anciennes mers, au point de vue de la production des roches.

Il est évident que l'océan doit procéder au dépôt des sédiments par des procédés variables, selon les localités, et donner lieu à des produits différents, selon le plus ou moins proche voisinage des côtes, et sans doute aussi selon la plus ou moins grande profondeur de la mer.

Le long des côtes, on observe tout spécialement le déblaiement par les flots des débris provenant du

délayage des roches littorales écroulées, et le transport de ces débris à distance variable, d'après leur
poids, leur densité ou leur forme.

L'eau, poussée par le flux, désagrège la craie, par
exemple, dans laquelle les nodules siliceux sont
empâtés et les isole peu à peu ; le jusant emporte à la
mer une boue laiteuse qui en teint les eaux. Nous avons
insisté déjà sur l'inégalité d'énergie des deux efforts
de l'eau : celui qu'on peut qualifier de centrifuge,
parce qu'il est dirigé au dehors du bassin aqueux est
incomparablement plus violent que l'autre et révèle
tout de suite aux yeux, le caractère de *triage* de l'opération réalisée. Ce qui est lourd ou volumineux, difficile à remuer, a affaire au flot et tend à être expulsé
de la zone submergée ; ce qui est fin et mobile est
absorbé comme avec avidité par le jusant qui le
transporte au large. Ce premier phénomène, le plus
visible, n'est qu'une préparation à la série des séparations les plus délicates dont la plage est le théâtre.
Le choc des vagues sur les nodules siliceux, irréguliers, souvent branchus, fragiles, les réduit en éclats
qui tendent à perdre toutes leurs aspérités pour
devenir des galets. Mais les petits fragments qui
représentent la différence de poids entre le galet et le
nodule ou rognon d'où il provient, sont ballottés dans
l'eau mouvante et successivement diminués, puis
classés suivant leur poids, leur densité, leur forme
et déposés en bandes qui sont de vrais stéréogrammes de l'état dynamique du milieu. C'est ainsi que,
sur la plage de Dieppe, à la zone des gros galets, si
peu accueillants pour les pieds des baigneurs, succèdent des zones de galets de moins en moins gros,

échelonnés avec précision; puis la région des sables
de plus en plus fins. Ce sable n'est pas, comme on
pourrait le croire, du galet très petit, presque microscopique : il est intéressant de constater qu'il y a un
abîme originel entre le plus petit galet et le plus gros
grain de sable. Ce dernier, dans le sens géologique
du mot, est exclusivement un produit de fracture
consécutive au choc mutuel des pierres. Il est anguleux et dépourvu de tout poli, ce qui s'explique aisément : tandis que le galet roule au fond de l'eau, et
frotte contre ses congénères, le grain de sable flotte
dans l'eau agitée; la seule friction qu'il éprouve lui
vient de l'eau et celle-ci est bien incapable d'enlever
la moindre particule à une substance insoluble.

A la série des sables de plus en plus fins, succédera
celle des limons, transportés plus loin et soumis, eux
aussi, à des triages qui continuent les précédents.

Mais il est probable *a priori* que les régions mar-
ginales des mers ne sont pas seules à recevoir des
produits de sédimentation. Les courants ne transportent pas indéfiniment les objets qu'ils charrient.
Il en est de même pour les venues d'eau continentales qui déverseront dans la mer les produits de
terre ferme, en sorte que nous sommes avertis que
tous les points du fond de la mer, sont exposés, sauf
exceptions certainement très rares, à recevoir des
précipitations plus ou moins abondantes et dont les
qualités varieront d'un point à un autre.

Tout de suite, on conçoit que s'il est indiqué de rattacher quelques-unes de ces sédimentations aux traits
des localités qui en sont pourvues, il sera possible in-
versement de retrouver quelles devaient être, lors de

son activité, les conditions d'une localité géologique, d'après la qualité des sédiments qu'elle a conservés.

Ce sujet est l'un des plus importants de l'océano-géologie. Il nous conduit à préciser la notion des *faciès*, qui a été introduite dans la science par le géologue suisse Gressly et qui a constitué un véritable progrès[1].

Dès 1725, Marsilli, dont nous avons cité l'*Histoire physique de la mer*, faisait quelques observations sur les connaissances bathymétriques alors acquises, et sur la nature variable du fond de la mer, suivant les points. Mais il méconnaissait complètement le fait d'une sédimentation actuelle : « Le bassin de l'océan fut creusé au temps de la création dans la masse des mêmes pierres que nous voyons dans les couches de la terre, avec les mêmes interpositions d'argile, pour les réunir les unes aux autres. »

Marsilli jugeait utile de noter la nature des matières qui, en chaque point, « cachent le fond », et c'est à lui qu'on doit la première ébauche d'une carte lithologique du sol sous-marin. Bien d'autres tentatives ont été faites ensuite dans la même direction.

L'étude de la Méditerranée, et surtout de la mer Égée, par Edmond Forbes, le naturaliste de l'expédition du *Beacon*, en 1841, concerna plus de cent résultats de dragage, à différentes profondeurs, toutes inférieures à 250 mètres, dont la description porte un titre bien remarquable pour l'époque[2]. Il conclut que

1. *Nouveaux Mémoires de la Société helvétique des Sciences naturelles*, II (1838), IV (1840) et V (1841).
2. *On the light thrown on geology by submarine researches.* (Edimburgh new philosophical Journal, XXXVI, 318 (1844).

les dragages révèlent l'existence de régions distinctes
à des profondeurs successives, caractérisées chacune
par une association de matériaux : c'est donc une
tendance vers la spécification des faciès.

En 1851, le professeur Bailey s'appliqua à l'étude
microscopique des matériaux recueillis par le *Coast
Survey*, des États-Unis, à 200 mètres de profondeur.
En 1856, il remarqua dans tous les produits de sondage provenant du Kamtschatka, par 1.800 à 4.500 mètres de fond, que la proportion des matières d'origine
organique (débris de coquilles), va constamment en
augmentant au profit de cette dernière. C'était le
début des notions minéralogiques en relation avec les
conditions générales des dépôts.

En 1866, Delesse publia un ouvrage traitant de la
disposition des sédiments côtiers des mers de France
et, en même temps, la première carte lithologique
sous-marine[1].

Depuis cette époque, les travaux se multiplièrent,
avec l'abondance régulièrement accrue habituelle à
toutes les branches nouvelles de recherches. Nous
nous bornerons à mentionner parmi les volumes que
ces efforts ont procurés, les publications successives
de Thoulet, et spécialement : son *Guide d'Océanographie pratique*[2], ses *Instruments et opérations d'Océanographie pratique*[3] et son *Précis d'analyse des fonds
sous-marins*[4].

1. *Lithologie du fond de la mer*. 1 vol. in-8° avec une carte.
Paris, 1866.
2. 1 vol. in-18 (de l'*Encyclopédie des Aide-Mémoire Léauté*).
Paris, s. d.
3. 1 vol. in-8°. Paris, 1908.
4. 1 vol. in-8°. Paris, 1907.

Grâce aux résultats des études de ce genre, on est parvenu dès maintenant à caractériser les différentes qualités de fonds sous-marins, et surtout à les rattacher aux conditions géologiques et même géographiques dans lesquelles chacun d'eux a pris naissance. Aussi, la première division établie par ces produits — et que l'on doit aux naturalistes du *Challenger*, vaisseau dont la croisière scientifique commença en 1872 et dura près de trois ans et demi, — admet-elle deux types principaux, qualifiés les uns de terrigènes et les autres de pélagiques. On a, par la suite, intercalé entre ces deux séries les dépôts thalassiques ou de profondeur moyenne.

Dépôts terrigènes — Nous avons déjà été conduits à donner, relativement aux formations littorales, un certain nombre de détails, que nous rappellerons en deux mots.

Dans le cas typique, l'ensemble des matériaux étalés par la vague mérite le nom de *trilogie littorale*. Le premier effet du triage par les flots est de constituer trois bandes parallèles qui s'avancent, d'un commun accord, à la conquête du continent progressivement envahi et dont le premier terme est formé de galets et d'autres matériaux pesants; le second, de sables; le dernier, de limons. En conséquence de ce mode de formation, cependant simultané, les galets sont recouverts par le sable qui avance sur eux et les sables par les limons, de sorte que considéré à quelque distance de sa limite extrême, le triple ensemble donne l'idée de trois niveaux superposés et d'âges différents. C'est une circonstance qu'il ne faut pas perdre de vue dans l'étude des anciens dépôts et qui probablement, dans plus d'un cas, a fait accepter des conclusions erronées.

Il est remarquable, en effet, qu'on retrouve, à un très grand nombre de reprises, dans la série sédimentaire, la succession des trois termes qui nous occupent et parfois avec des épaisseurs considérables : un massif de poudingues plus ou moins grossiers, et généralement azoïques, l'habitat entre les cailloux mouvants étant fort difficile; d'épaisses assises de grès ou de quartzite, suivant les âges, avec des fossiles particuliers; et, enfin, des schistes ou argiles à grains fins avec une population spéciale, comme si des faunes distinctes s'étaient succédé dans ces deux cas. Les exemples modernes nous portent à nous demander si ce n'est pas selon des plans verticaux, qui recouperaient les couches superposées, qu'il faudrait déterminer les synchronismes.

Nous avons vu que l'origine de la progression horizontale de la trilogie est intimement rattachée, par sa cause, à la réalisation des transgressions stratigra-. phiques : notons que MM. Van den Broeck et Rutot ont proposé de la faire entrer comme un élément de définition dans la notion même des périodes géologiques[1]. Le diagramme théorique qu'ils ont adopté, met en évidence l'impossibilité de résoudre le problème qu'ils se sont proposé. Outre que cette trilogie est un phénomène local, on voit comment un « terrain » peut, à la rigueur, commencer et se développer

---

1. *Explication de la carte géologique de Belgique*, introduction à chacune des feuilles successivement publiées, in-8°. Bruxelles, 1883.

pendant tout le cours de la transgression, mais on ne comprend pas bien comment, en décroissant et disparaissant, il laisserait des vestiges souterrains symétriques des premiers.

Il est intéressant de passer en revue quelques particularités concernant la trilogie fossile. Pour qu'une région littorale ancienne soit remise sous nos yeux et puisse être étudiée, il lui a fallu sortir d'une longue série de circonstances qui, toutes, tendaient à la modifier ou même à la détruire.

La superposition : galets, sables, limons, cesse de s'accroitre le jour où l'affaissement lent du sol est interrompu. Pour que le recouvrement puisse s'effectuer, il faut que la mer ait accès de nouveau dans la région, peut-être après une interruption plus ou moins longue de la sédimentation. La persistance de la mer, le sol supposé immobile, amènent l'extension, dans le temps considéré, de matériaux fins qui ne pourront pas s'épaissir beaucoup et il faudra, tôt ou tard, qu'un bassin sédimentaire, relativement profond, s'établisse sur l'ancienne ligne de côte pour y accumuler les sédiments successifs. Des érosions s'ensuivront très ordinairement et on ne peut guère supposer que le rivage extrême de la mer considérée, c'est-à-dire celui qui était atteint quand l'affaissement a cessé, puisse persister. Il en est autrement à une distance suffisante des côtes, où le limon fourni par la démolition de la première falaise cessera de collaborer la sédimentation avec les autres matériaux qu'il rencontrait dans les eaux. Et c'est peut-être là un nouvel argument pour nous mettre en garde contre certaines tentatives de restauration des rivages fossiles.

Nous citerons toutefois quelques localités, choisies entre beaucoup, qui présentent la structure en trois terrains superposés que nous avons en vue. C'est ainsi que, considéré dans son ensemble, le silurien de Normandie nous offre successivement les arkoses de Bretteville, correspondant à la nappe de galets ; les grès armoricains, qui sont l'équivalent des sables ; et les schistes à calymènes qui répondent au limon. Sur une échelle encore plus grande, le terrain dévonien des Ardennes franco-belges débute par les poudingues parfois à gros éléments (poudingue de Fépin, arkose d'Haybes), se continue par les roches d'origine arénacée, comme les grès de Vireux, et se termine par les dépôts fins d'où dérivent les schistes de la Famenne, à la suite des calcaires de Givet.

Dans la Loire-Inférieure, on voit à Morteau les poudingues dévoniens à galets de quartz laiteux, recouverts de grès, puis du schiste à végétaux du Culm. La succession normale du trias lorrain : poudingue des Vosges, grès bigarré et muschelkalk, puis keuper (marnes irisées), rentrent dans le même type général. Le trias d'Andunctun (Pas-de-Calais), débute par un poudingue de galets calcaires, sur lesquels s'étendent d'abord des grès, puis des argiles. En Meurthe-et-Moselle, c'est sur les galets que se sont déposés les sables à *Pecten personata*, surmontés eux-mêmes de calcaire devenus oolithiques à *Cœloceras Humphriesianum*. Il n'y a pas jusqu'aux environs de Paris où l'on ne puisse citer les galets du bartonien d'Auvers (Seine-et-Oise) qui portent les sables dits de Beauchamps par-dessus lesquels sont les dépôts si fins à *Avicula Defrancii*.

Dans cette série, quelques détails méritent de nous arrêter, à cause de leur conformité avec des incidents modernes. Par exemple, dans la falaise crayeuse de Fécamp, Alcide d'Orbigny a relevé la succession, au-dessus de lits sénoniens, d'une couche rognoneuse avec fossiles remaniés, tels que *Acanthoceras varians* et *A. Rothomagensis*, c'est-à-dire franchement cénomaniens ; puis la reprise de la craie sénonienne.

Sans aucun doute, c'est un exemplaire antérieur d'une disposition en voie actuelle de construction, dans maints endroits du fond de la Manche. Nous avons mentionné la fréquence des glissements en masse de terrains fournis par la falaise, qui sont ensuite désagrégés sur place. Si l'on imagine, pour une époque future, une coupe verticale dans le produit résultant, on verra le dépôt que nous appellerons actuel, tout à coup interrompu par l'extension de débris remaniés, d'âge évidemment sénonien, après quoi le terrain moderne reprendra sa croissance.

Conclusion : la mer sénonienne, dont d'Orbigny a étudié les produits[1], était bordée de falaises dont l'étoffe était cénomanienne et qui ont livré à l'océan des pans éboulés de leur substance, ensevelis sous les dépôts sénoniens ultérieurs. Rien ne peut mieux nous pénétrer de l'identité, à toutes les époques, du régime de la mer.

Un détail côtier de beaucoup de mers concerne les épis et les flèches littorales. Ce sont des accumulations, tangentes au rivage, et qui ont pour effet ordinaire d'en remplacer les sinuosités par des formes

1. *Cours élémentaire de Paléontologie et de Géologie stratigraphiques*, II, 641. 2 vol. in-18. Paris 1849-1851.

à grandes courbures, c'est-à-dire beaucoup plus simples. Notre côte méditerranéenne en offre des exemples classiques. Ces flèches, sur un demi-cercle de littoral de 200 kilomètres de longueur, ont isol par des levées de sable, les « étangs » de Berre, de Thau, de Leucatte, etc., qui montrent tous les degrés de la séparation du bassin marin. La mer Baltique à Schwartzort, au nord de Dantzig, est comparable à la Méditerranée et le phénomène atteint des proportions bien plus grandes encore sur la côte orientale des États-Unis où les flèches isolent, en avant du continent, une zone énorme de l'Atlantique, dont la partie principale, limitée à l'est par le cap Hatteras, et bornée par les flèches de l'Amérique du Nord, porte le nom de golfe de Pambico. La théorie de ces phénomènes a été précisée et l'on peut, en toute exactitude, comparer les flèches à de vrais stéréogrammes de la distribution de l'énergie dans les courants côtiers. Sur notre côte d'Aquitaine, le déplacement du cap Ferret, suivi d'étape en étape depuis 1868, a montré avec quelle délicatesse ces constructions arénacées reflètent les modifications du régime mécanique de la mer.

A priori, il est bien difficile d'espérer retrouver, dans les entrailles de la terre, des traces du phénomène qui nous occupe. Cependant, la sédimentation n'étant pas la même des deux parts d'une flèche donnée, et celle qui correspond à l'étang, renfermant des incidents mixtes, correspondant évidemment à la dessalure progressive de l'eau isolée, on peut se demander s'il n'y a pas, pour une part, collaboration des deux régimes dans l'architecture de certaines localités fossilifères. Aux environs de Paris, on pourrait en

citer plusieurs : à Ormoy, près d'Etampes, dans le terrain stampien ; à Cresnes, près d'Us-Marines, pour le
terrain bartonien, on voit des associations stratigraphiques qui promettent des documents dans ce sens.

Une des difficultés à cet égard pourra résulter, en
certains cas, des caractères, mixtes aussi, que présente l'estuaire des fleuves. Toute la série stratigraphique, depuis le silurien jusqu'à nos jours, nous
offre des gisements qui correspondent à des points de
la mer, où des eaux continentales venaient mêler, aux
eaux salées, les matériaux qu'ils charriaient.

L'embouchure de la Seine, si bien étudiée par
Lennier, nous fournit un type complet de cette catégorie de formations, dont il nous suffira de rappeler
les traits généraux pour avoir décrit toutes les autres.

Les deux collaborateurs des dépôts, c'est-à-dire
l'eau marine, d'une part, et l'eau douce de l'autre,
animées de mouvements de translation opposés l'un à
l'autre, jouissent d'une énergie variable à chaque
instant. La mer montante tend à refouler l'eau flu-
viale, et tout le monde connaît le phénomène du
« mascaret » qui se produit lors des marées exceptionnelles. A ce moment, les troubles charriés par le
fleuve ont des difficultés spéciales à vaincre, pour
entrer dans le bassin maritime et ils doivent constituer
des accumulations, au moins provisoires, tout au voisinage du rivage. Mais à marée basse, et surtout lors
des fortes crues du cours d'eau, la pénétration dans
le bassin océanique devient beaucoup plus facile. En
temps normal, il faut noter que l'eau douce tend à
passer sur l'eau de mer ; et il en résulte une poussée
plus lointaine des objets continentaux qui, avant de se

précipiter sur le fond, n'ont pas à lutter contre la résistance de l'eau de mer.

Certains estuaires ont une dimension supérieure à tout ce qu'on aurait pu imaginer. Les estuaires du Saint-Laurent, du Rio-de-la-Plata, des Amazones, et du Mississipi, mesurent au moins 40.000 kilomètres carrés. La Gironde, la Seine, la Tamise, opèrent sur des surfaces bien moindres, mais avec des caractères tout à fait comparables. Aussi, est-ce bien loin au large des grands fleuves, qu'on retrouve encore leurs flots, presque sans mélange avec la mer, et reconnaissables à la couleur de leurs eaux troubles : à 400 kilomètres de la côte, on voit encore le courant des Amazones et du Mississipi à la surface de la mer. Chose curieuse, les vitesses étant réparties dans ces cours d'eau comme dans les rivières ordinaires, les dépôts tendent à se faire bien plus activement sur les berges que sur la ligne moyenne, et les vallées continentales se continuent par des *vallées sous-marines*[1], dont l'origine sédimentaire est presque l'opposé de l'origine des premières qui sont des produits d'érosion. D'un autre côté, les conflits des différents filets d'eau dans le courant, et les pertes de force vive qui en résultent, déterminent dans la région de l'estuaire la production de bancs de sable, comme ils en ont provoqué dans toute la longueur continentale du cours d'eau. Lennier nous a donné une excellente carte des bancs de sable de l'embouchure de la Seine : bancs d'Amfard, du Ratier, du Ratelet et de l'Eclat.

1. Boule, *les Grottes de Grimaldi*, p. 272. V. aussi, Suess, *la face de la Terre*, II, 852 et Issel, Comptes rendus de l'Académie des sciences des 24 et 31 janvier 1887.

Si, passant des faits modernes à la série géologique, nous recherchons des traces d'estuaires dans la croûte terrestre, nous reconnaissons que le nombre des vestiges évidents est si considérable qu'il faut nous borner à quelques indications.

Dès les terrains les plus anciens, en pleine masse silurienne, nous trouvons dans les schistes des Malvern en Angleterre, des mélanges bien éloquents de plantes terrestres (*Psillophyton, Annularia*, etc.) avec des dents et des rayons de poissons marins (*Onchus*). Dans le dévonien moyen, les environs de New-York nous offrent les mêmes vestiges ichthyologiques, associés à des insectes et à des sigillaires. C'est presque du même âge que sont les grès rouges, *Caithness-flags*, à poissons marins, à *Estheria* (mollusques d'eau douce) et à plantes terrestres, d'Écosse, de Russie, etc. Nous avons dans le culm, les grès anthracifères à *Productus* du Bourbonnais ; les schistes triasiques à poissons marins et à végétaux continentaux de la Carinthie ; les grès à végétaux terrestres et à coquilles saumâtres du lias de Mondégo (Portugal) ; les sables néocomiens de Hastings, où les coquilles marines sont mélangées à des coquilles lacustres, à des plantes terrestres et même à des dinosauriens. Et ainsi de suite, jusqu'à des niveaux tertiaires, comme à Châlons-sur-Vesles, dans la Marne, où *Cyprina lunulata, Cardium Edwardsi, Ostrea Bellovacensis*, qui sont marins, voisinent avec *Cerithium goniophorum* et *Cyrena suborbicularis*, qui sont saumâtres, avec *Physa gigantea* et *Planorbis Roissyi* qui sont d'eau douce, et même avec *Helix hemispherica* et *H. Arnouldi*, qui sont terrestres.

C'est dans la même série qu'il convient de citer une forme de productions littorales dont on a, pendant un temps, fait un apanage exclusif de la période actuelle : le delta, qui donne un caractère spécial à l'embouchure des fleuves dits *travailleurs*, et qui constitue au propre une conquête de la terre ferme sur le bassin océanique. La découverte de deltas fossiles a non seulement procuré une notion qui nous manquait, mais elle a révélé la structure intime des deltas d'aujourd'hui, qu'il ne serait sans doute guère plus commode d'aller observer directement que celle des volcans actifs.

Le delta, surtout localisé dans les mers fermées ou peu ouvertes, est le produit d'accumulation des troubles empruntés au continent, à la bouche d'un grand fleuve dont l'eau perd sa force vive, c'est-à-dire son pouvoir de transport, au contact de l'eau de la mer. Dans ce cas, et par un contraste avec ce qui a lieu dans les estuaires, le laboratoire maritime, au lieu d'appeler le concours d'éléments sédimentaires, s'oppose à la pénétration des matériaux continentaux. Aussi, la localité précise de l'embouchure, change-t-elle avec le temps. Les berges s'accroissent dans le sens du courant, et il se construit vers la haute mer des jetées dont le nombre augmente peu à peu, parce que le courant, à mesure que l'espace devient plus large devant lui, tend à se ramifier et comme à se construire une région, pour ainsi dire symétrique, du bassin hydrographique dont il est le réservoir. Dans ce bassin, c'étaient des filets d'eau, convergents vers la bande de plus grande profondeur (*imum vallis*); à partir de l'embouchure, ce sont des courants qui divergent en éventail, pour évacuer l'eau sur une plus grande longueur de côte. A ce titre, le delta du Mississipi est particulièrement remarquable : on voit sur les deux rives de la passe sud, des rameaux divergents qui ont observé une espèce de symétrie bilatérale.)

Le Nil, avec ses deux branches de Rosette et de Damiette, a édifié ce triangle régulier (le Delta), avec Alexandrie, Le Caire et Port-Saïd comme sommets. Sa surface de 22.276 kilomètres carrés aurait exigé, d'après des supputations vraisemblables mais non précises, 74.250 ans pour se former.

La Crau, entre Arles et Salon, présente la structure deltoïde, dans tous ses détails essentiels.

Contrairement à leurs idées préconçues, les géologues ont découvert dans les entrailles de la terre des exemples de véritables deltas fossilisés, et c'est à partir de ce moment que nous sommes renseignés sur la constitution du delta actuel et sur son mode de formation.

L'exemple le plus typique et qu'on ne peut se dispenser de citer, est fourni par le célèbre gisement houiller de Commentry, dans l'Allier. Une gigantesque tranchée verticale (tranchée de Saint-Edmond) permet d'embrasser d'un coup d'œil toute son épaisseur, mais le premier coup d'œil conduit à s'en faire une idée fausse. On croit y voir, par-dessus la « grande couche », composée de houille activement exploitée, trois autres couches superposées, horizontales comme elle, et tout aussi régulières : la première formée de schistes, la seconde formée de grès, la dernière, qui couronne tout l'ensemble, composée de

galets innombrables, cimentés en poudingues. C'est
avec surprise qu'on s'aperçoit que la soi-disant couche
de houille est en réalité composée de myriades de
petits lits charbonneux régulièrement inclinés sur
l'horizon et que cette structure oblique se poursuit
imperturbablement au travers des schistes; puis,
avec une netteté de moins en moins grande, au travers des grès et même dans la base des poudingues
dont les galets augmentent de grosseur, à mesure
qu'on s'élève dans la formation.

Des expériences dues à M. Fayol, ont prouvé que
cette singulière disposition dérive du triage auquel à
chaque instant a été soumis le mélange des matériaux charriés par les eaux d'un fleuve qui aboutissait
à la masse, relativement stagnante, de la mer. Chaque
grain composant le mélange a été abandonné par son
véhicule, au moment où la vitesse de celui-ci était
devenue insuffisante pour le porter plus loin, ce qui
dépendait pour chacun de ces grains, de son poids,
de sa forme et de sa densité. Dans ces conditions, ce
qui se déposera tout d'abord à l'embouchure, ce sont
les galets et parmi eux d'abord les plus gros, ensuite
les moyens, enfin les plus petits; viendront ensuite
les sables, et d'abord les plus grossiers, puis les plus
ténus; enfin se déposeront les particules argileuses,
d'abord seules, puis de plus en plus mélangées avec
des substances plus légères encore, telles que des
débris de plantes gorgées d'eau, qui termineront la
série et que la chimie des profondeurs transformera
en combustible minéral. Au fur et à mesure de cette
sédimentation multiple, la bouche de la rivière pro-
gressera vers la haute mer, et la série, indéfiniment

recommencée, des quatre régions successives de dépôts, s'épaissira dans le sens horizontal, pour donner
l'apparence qui nous trompait au début. Nul doute
que. dans le lit du Mississipi et du Rhône, et
quelle que soit la nature des matériaux du sédiment,
il ne se fasse en ce moment un agencement comparable à celui que nous venons de décrire.

On rencontre des deltas fossiles dans différents
terrains, et par exemple, dans la vallée du Rhône,
pour le terrain pliocène de Saint-Gilles (Gard). Toutefois on conçoit que l'ensemble des couches associées dans une formation deltoïde, soient spécialement exposées à perdre, à la suite des actions
souterraines, les caractères de structure qui lui sont
propres.

Ce phénomène de triage ne manquera pas de rappeler au lecteur le triage réalisé sur les côtes par la
vague démolissant les falaises. En faisant abstraction
du combustible si important à Commentry, on trouve
dans le delta, comme dans le cordon littoral, la trilogie : galets, sable et limon, qui nous a déjà occupés.
Seulement, tandis qu'au pied de la falaise nous
voyons le galet d'abord déposé, recouvert peu à peu
par le sable et enfin par le limon, dans le delta nous
voyons le galet déposé encore le premier, surmonter
le sable qui lui-même surmonte le limon.

Il importe de constater qu'il n'y a pas de contra-
dictions entre les deux phénomènes, bien qu'ils
donnent des ensembles sédimentaires inverses l'un
de l'autre. Le contraste entre les produits, tient tout
entier à la différence de situation du point de départ
de l'impulsion mécanique, par rapport au bassin

sédimentaire : le phénomène littoral est centrifuge et le phénomène deltoïde est centripète.

Contribution du large. — Les dépôts littoraux sont parfois formés, au moins en partie, par une contribution venant du large. C'est ce qui faisait dire à Strabon[1] : « Le flot dans son mouvement progressif, acquiert la force suffisante pour expulser hors de son sein tout corps étranger, et l'on appelle *épuration* de la mer, cet effort par lequel elle rejette à la côte, les cadavres et les débris, quels qu'ils soient, des navires naufragés. »

Dans la « laisse de mer » comme on appelle ce liséré de détritus qui, entre deux marées marque le plus haut niveau atteint par l'eau, ce qui domine, ce sont les algues arrachées du fond par diverses causes et auxquelles sont mêlées de nombreuses catégories de matériaux flottants : des coquilles, telles que celles des nautiles (dans les pays chauds), à cause des gaz que la décomposition de l'animal a accumulés dans les chambres successives du test ; des os de seiches, spongieux et d'un poids spécifique très faible ; les œufs de raie et de buccins ; des débris de coquilles et des petits rameaux de polypiers, etc. En quelques points, des substances spéciales pourraient être mentionnées : la côte orientale de Madagascar a été un temps bordée d'une accumulation de pierres ponces, provenant de l'éruption du Krakatau et qui avaient traversé toute la mer des Indes, avec des vitesses et des trajets inégaux, après la crise du 20 mai 1883.

1. *Géographie*, liv. I, chap. 3, § 3.

Parfois, ces *excreta* de la mer ont pour nous des qualités utilisables. La tangue des environs du Mont Saint-Michel, activement exploitée à Pontorson; le maërl du Finistère et du Morbihan, sont des amendements estimés dans les régions littorales dont la terre est dépourvue de calcaire. La terre de Bri, renommée pour ses qualités fertilisantes, couvre 75.000 hectares à l'embouchure de la Charente et renferme, d'après une analyse de Delesse 0,77 d'azote. Le surturbrand, dont nous avons parlé comme apporté par le Gulf-Stream sur les côtes d'Islande, se rattache à cette catégorie des rejets de la mer.

Dépôts thalassiques. — Il s'en faut de beaucoup que les sédiments de la mer soient limités aux régions littorales. La plus grande partie du fond des bassins océaniques reçoit des dépôts successifs de matières tenues en suspension dans l'eau. Ce phénomène est le pendant d'autant plus exact de la poussière atmosphérique tombant sur le sol exondé, que cette même poussière tombant sur la mer, comme sur la terre ferme, prend part à la sédimentation sous-marine. Elle est moins uniformément et moins abondamment répandue dans l'eau que dans l'air. A mesure qu'on s'éloigne des côtes, qui constituent la grande source des matériaux minéraux, l'eau se montre en général de plus en plus épurée des corps en suspension ou, plus exactement, chargée de particules de plus en plus fines. En même temps, le nombre des points d'origine des troubles augmente considérablement, le réseau des courants réalisant un véritable appareil de brassage dont les effets sont

d'ailleurs à chaque instant contre-balancés par des
triages bien plus délicats encore que ceux qui se produisent sur le littoral.

La conclusion de ces remarques c'est que les dépôts
thalassiques doivent perdre progressivement de leur
épaisseur, à mesure qu'on les considère plus loin des
côtes et c'est évidemment, pour le dire tout de suite,
l'une des causes de la forme lenticulaire si ordinairement constatée pour les sédiments de tous les
âges.

La boue à globigérines actuelle. — Le type des
roches thalassiques de l'époque actuelle est connu
sous le nom de *boue à globigérines*. C'est une substance marneuse renfermant 60 % de carbonate de
chaux, le reste consistant en argile et en sable dont
les grains sont extrêmement fins. La matière calcaire
est surtout composée de tests de foraminifères et
avant tout de globigérines. Le sable, ou plus exactement sa partie siliceuse, surtout faite de silice gélati-
neuse, est constitué de son côté pour une forte part
de débris organisés tels que spicules d'éponges, frustules de diatomées et carapaces microscopiques de
radiolaires. La plus grande partie de ces débris vient
de toute l'épaisseur de la mer et même de la surface,
ayant fait partie de ces associations vivantes que nous
décrirons plus loin, sous les noms de necton et surtout de plancton. L'analyse minéralogique de la portion organisée de la boue thalassique y a révélé, dans
tous les points du globe, une série d'espèces dont il
nous sera très utile d'avoir donné la liste. Il s'agit de
feldspath orthose, pyroxène augite, verres volcaniques,

amphibole hornblende, pierre ponce, quartz, manganite (acerdèse), micas, plagioclase, sanidine, olivine, lapillis, glauconie, palagonite, enstatite, bronzite, grenat, actinote, tourmaline, zircon, microcline, serpentine, zéolithes (et spécialement philippsite), sphérules magnétiques. Thoulet a même recueilli, dans le sédiment du golfe de Gascogne, des petits grains qu'il nous a communiqués et qui ont tous les caractères du diamant.

Relativement à nos comparaisons ultérieures, il importe d'ajouter que beaucoup de ces minéraux sont destinés à se modifier et même à disparaître au bout d'un temps suffisant.

Outre la boue à globigérines, la série des dépôts thalassiques qui s'étendent surtout dans la région tropicale, du 45° parallèle N. au 45° parallèle S. comprend divers termes dont chacun semble rattaché à la profondeur de son gisement, que caractérise aussi la nature des débris organiques qui y sont renfermés et qui sont désignés sous des appellations faisant surtout allusion, les unes à leur couleur et à leur finesse, les autres aux formes organiques qui y dominent.

A ce dernier point de vue on admet que la boue à globigérines se rencontre de 500 à 2.800 brasses, la boue à ptéropodes vers 1.500 brasses, la boue à radiolaires abondantes surtout au centre du Pacifique à 2.500 brasses et plus et la boue à diatomées, au sud du 45° parallèle.

La boue à globigérines si prédominante aujourd'hui figure-t-elle dans la série des sédiments antérieurs? A première vue, la réponse paraît négative et c'est après beaucoup d'hésitation, qu'on s'est rangé à peu près unanimement, à l'opinion qui fait de la craie plus qu'un analogue de la boue à foraminifères, mais bien le produit des transformations auxquelles celle-ci parviendra elle-même quand elle aura subi les vicissitudes que le dépôt secondaire a dès maintenant éprouvées. Pour en arriver à cette conclusion, il a fallu d'abord se livrer à des recherches microscopiques, inaugurées par Ehrenberg et qui ont amené la découverte dans la craie secondaire, de tests de foraminifères fossilisés [1].

La boue à globigérines fossile. — L'histoire des rapports de la craie avec la boue à globigérines comprend plusieurs phases dont la première, antérieure aux grandes explorations sous-marines, finit vers 1850.

Alors, la craie, dans laquelle Lamarck et Alcide d'Orbigny ont, à la suite d'Ehrenberg, reconnu des organismes microscopiques, est généralement considérée comme originaire de la mer profonde. Même, pour Constant Prévost, la craie blanche est un dépôt pélagique, formé loin des rivages dans une mer tranquille et profonde. Et les sondages eurent d'abord pour résultat de confirmer cette opinion : Bailey (1851 à 1856) constata qu'entre 1.080 et 2.000 brasses par 42°4′ et 54°17′ latitude nord et 9°8′ et 29° de longitude ouest, le fond est occupé par un sédiment presque entièrement formé de globigérines prépondérantes et d'orbulines [2]. Et il fait remarquer que

1. *Bildung der Europaïschen, Libysschen und Arabischen Kreide und des Kreidemeergels aus mikroskopischen Organismen.* Berlin, 1839.

2. Une intéressante étude intitulée : *A contribution to the*

cette substance ressemble intimement à la craie
d'Angleterre. « Cela semble indiquer, dit-il, que cette
craie est un dépôt de mer profonde. » C'est de *craie
moderne* qu'en 1858, Huxley qualifie le limon atlantique. En 1861, Sorby déclare que la boue de l'Atlantique provenant de 2.230 brasses explique complètement les caractères de nos craies. En 1865, c'est
Lyell qui regarde l'identité comme démontrée, à cause
de *Globigerina bulloides* qui est commune à la craie
et à la boue actuelle. Zittel, dans son *Traité de Paléontologie*, écrit en 1877 : « On peut dire avec raison
qu'il se forme encore de la craie blanche dans certains points de l'océan ; il est possible que la masse
épaisse de la craie d'Angleterre, de la France et du
nord de l'Allemagne, se soit formée dans les mêmes
conditions que la boue à globigérines actuelle[1]. »

Dans *les Abîmes de la Mer*[2], Wyville Thomson
écrit : « Longtemps avant les recherches actuelles,
certaines considérations m'avaient fait regarder
comme très probable l'existence dans les parties les
plus profondes de l'Atlantique, d'un dépôt en voie de
formation. Je pensais que la composition en pouvait
varier dans les détails, mais que les caractères généraux en devaient être partout les mêmes. Ce dépôt,
selon moi, s'accumulait d'une manière continue
depuis la période crétacée ou même depuis les

oceanography of the Pacific, où l'on trouvera des détails sur
les globigérines, a été publiée dans le *Bulletin of the United
States National Museum,* par M. James Flint. 1 vol. in-8° avec
planches. Washington, 1905.

1. T. I, p. 112. Traduction française, 5 vol. Paris, 1883-1891.

2. P. 440 de la traduction française par le Dr Lortet. 1 vol.
in-8°. Paris, 1875.

époques plus anciennes encore, jusqu'à nos jours.
Les résultats de l'exploration du *Lightning* paraissent avoir jutifié amplement notre théorie. »

Mais, pendant ce chant de victoire, des différences
sont signalées entre les deux catégories de formations. Prestwich choisit en 1871 la comparaison qui
nous occupe comme sujet de son discours présiden-
tiel à la Société Géologique de Londres : il indique
entre les deux roches une différence fondamentale,
la craie blanche de Sussex renfermant 98,4 $°/_0$ de carbonate de chaux, tandis que le limon crayeux de
l'Atlantique n'en tient, comme nous l'avons dit, que
60 $°/_0$. Cela résulte des analyses de David Forbes qui
conclut de ses recherches que s'il était consolidé,
aucun échantillon du limon actuel ne mériterait la qualification de craie. Dès lors, cette formule qui avait eu
tant de succès : « Nous vivons encore à l'époque crétacée » est qualifiée par Lyell, revenant sur son ancienne
opinion, d'erreur populaire. Murchison, accentuant la
réprobation, remarque qu'on pourrait dire aussi bien
qu'on vit à l'époque silurienne parce qu'il y a encore
des lingules à l'époque actuelle.

En 1887, Renard et Klément[1] insistent sur l'argument de Forbes et de Prestwich et ajoutent une nouvelle objection, qu'ils déclarent radicale, dans la
présence des silex de la craie qui manquent dans la
boue à globigérines. Ajoutons enfin que plus récemment, M. Cayeux s'est fait le champion de la résistance contre l'assimilation des deux dépôts[2].

1. *Bull. Acad. roy. de Belgique*, XIV, 807 et 809 (1887).
2. *Contribution à l'étude micrographique des terrains sédimentaires*, 1 vol, in-4°. Lille, 1897.

Or, la plupart des objections ont été relevées et des réponses très nombreuses leur ont été opposées. On peut les ranger en deux groupes, selon qu'elles concernent des différences biologiques ou des différences minéralogiques.

L'argument tiré de la détermination zoologique ou botanique des espèces, n'a pas une grande valeur; il consiste à dire que des êtres actuels, appartenant aux mêmes familles ou aux mêmes genres que des êtres des temps crétacés, vivent à des profondeurs relativement très faibles. Mais tout le monde sait bien que dans un même groupe, très restreint, on peut rencontrer des habitats très différents. On a insisté aussi sur la trouvaille, répétée un certain nombre de fois, de véritables galets roulés, identiques à ceux de nos plages, en pleine masse de craie secondaire. M. Janet en cite la rencontre, d'ailleurs tout à fait exceptionnelle, dans un banc peu fossilifère de la craie à *Micraster cor anguinum* et il mentionne un petit paquet, rencontré dans une situation identique, de fossiles serrés les uns contre les autres en un amas gros comme le poing. Il y avait entre autres dans cette collection imprévue, des oursins : *Micraster*, *Cyphosoma, Diadema ebroïcense, Cidaris sceptrifera, C. subvesiculosa;* des mollusques : *Spondylus spinosus, Ostrea, Dimyodon, Inoceramus;* des os de poissons; des bryozoaires; c'est-à-dire des séries d'objets qui ont plutôt l'apparence littorale[1]. Mais on s'est aperçu que la présence de ces objets s'explique dans tous ses détails, par l'intervention imprévue d'agents

____

1. *Bull. Soc. Géol. Fr.* (3ᵉ série), t. XIX, p. 908. Paris, 1891.

de transports qui n'ont rien à faire avec la mécanique
de la mer. Nous verrons plus loin qu'une série d'animaux, tels que des poissons et certains cétacés, avalent
des proies sans les séparer de leurs coquilles ou de
leur squelette et même, peut-être par mégarde, des
pierres de toutes les dimensions. Il suffit donc que le
corps d'un de ces mangeurs tombe au fond de la mer
et s'y décompose pour qu'on puisse rencontrer la
collection des objets inaltérables qui en encombraient
l'estomac.

Contre l'objection, assez naïve, concernant l'absence,
dans la boue à globigérines, d'ammonites et de bélemnites, si abondantes dans la craie, on n'a qu'à faire
remarquer qu'il s'agit de formes éteintes. De même,
les requins ne descendent pas à une grande profondeur, et il y en a pourtant dans la craie : quand un
requin meurt en traversant la haute mer, il se
décompose au fond de l'eau et ses dents inaltérables
persistent dans le sédiment. Le *Challenger* note aussi,
dans les plus grands fonds, des os tympaniques provenant surtout de cétacés et constituant la partie la
plus résistante de tout le squelette. Quant à la différence des espèces, la faune de l'Atlantique n'est pas
celle de la craie, comme Green s'est donné la peine de le
démontrer[1]. Il va sans dire que si l'on compare les
globigérines et les rotalines crétacées à leurs congénères tertiaires et actuels, on trouve qu'il n'y a pas
identité; mais les faunes de deux niveaux, appartenant
l'un et l'autre à la craie blanche comme l'aturien et
l'emschérien, sont loin d'être pareilles. Les tableaux
de distribution de fossiles, tels que ceux qu'a dres-

1. *Geological Magazine*, VIII, 1.

sés M. Cayeux, ne signifient donc pas ce qu'on leur fait dire. Par exemple, quand on constate qu'il ne subsiste, des 117 espèces de la craie, qu'une seule espèce de bryozoaires dans la boue actuelle, on oublie qu'il pourrait ne plus y en avoir une seule, sans qu'on pût en rien conclure sinon qu'elles sont éteintes. C'est ce qui a lieu pour les onze genres de la craie de Reims, dont il ne reste que deux dans la craie de Fécamp. Pour en tirer une conséquence légitime, il faudrait retrouver les espèces de la craie dans des mers peu profondes; et comme elles n'y ont pas persisté, l'argument tombe de lui-même. Il arrive fréquemment que les espèces d'un même genre vivent à des profondeurs très diverses. Parmi les brachiopodes, on trouve que le genre *Terebratula* est représenté par des espèces distribuées de 5 à 2.900 brasses!

Les différences minéralogiques peuvent sembler plus graves. Si l'on fait la liste comparative des minéraux adventifs renfermés dans la vase actuelle et dans la craie, on trouve tout d'abord que la craie renferme des silex qui n'existent pas dans la boue; et qu'à l'inverse, la vase moderne renferme de la phillipsite qui n'existe pas dans la craie, enfin que beaucoup de substances, tout en figurant dans les deux gisements, n'y ont pas les mêmes caractères. L'explication de ces différences est très simple, mais en même temps elle affecte un caractère d'ampleur en rapport avec sa haute portée, car elle dérive de la constatation du régime fondamental de la terre, considérée dans son ensemble. Nous réservons, pour une partie ultérieure de ce volume, l'étude de l'acti-

vité chimique dont la mer est le théâtre, mais nous
ne ferons aucun double emploi, en mentionnant ici un
phénomène qui doit nous révéler les vrais rapports
de la boue avec la craie, justement parce qu'il ne
s'est pas accompli dans la mer, mais dans la masse
de sédiments qui, bien que d'origine marine, ont été
soustraits, par les phénomènes sédimentaires, à toute
relation avec leur localité d'origine. En d'autres
termes, il va être facile de montrer que les différences qui ont tant préoccupé les géologues, résultent exclusivement de l'activité chimique et minéra-
lisatrice des liquides imprégnant le sol et circulant
dans sa masse.

Tout d'abord, la première discordance entre la
craie et la boue provient de la non-conformité de
composition chimique, si brutalement exprimée par
l'analyse chimique élémentaire : 94 de calcaire d'un
côté, pour 60 de l'autre, c'est-à-dire 40 °/₀ de silice
dans la boue et quelques centièmes dans la craie.

C'est, croyons-nous, Wallich qui, en 1880, fit remarquer que pour établir sainement la comparaison dont
il s'agit, il faudrait commencer par analyser la craie
prise dans sa totalité et non pas dans la portion qui
en reste, après l'élimination des silex. En réalité, les preuves surabondent que ces silex, loin de
témoigner dans la mer crétacée de quelque circonstance favorable à leur production, se sont faits très
progressivement, par voie de concrétion lente, dans
la masse de la craie, déjà solidifiée, et certainement
recouverte d'une épaisseur notable de sédiments plus
récents. On ne sait vraiment que penser de l'aveu-
glement avec lequel on a pu formuler une conclusion

comme celle qu'il est de notre devoir de citer ici :
« La formation du silex aligné suivant les couches de
stratification, ne peut s'interpréter en admettant le
mode de sédimentation qu'on observe dans les océans
aux grandes profondeurs loin des côtes... Nous sommes amenés, pour expliquer d'une manière adé-
quate la formation des nodules siliceux de la craie, à
admettre que les sédiments de cette formation ont
été accumulés d'une manière bien différente de celle
des dépôts pélagiques proprement dits [1] ».

En réalité, les choses se sont passées tout autrement. C'est seulement une fois la craie entièrement
déposée, et recouverte même d'une épaisseur qui
peut représenter quelques centaines de mètres, que
les eaux d'imprégnation, depuis longtemps d'ailleurs
substituées à l'eau salée originelle, et partageant avec
la roche qui les contient, le degré géothermique relatif
à sa profondeur, se livrent à une série d'opérations
intimes qui font parcourir à l'ancien sédiment les
étapes d'un véritable développement lithogénique.
Certains de ses éléments se dissolvent partiellement
et prennent une nouvelle structure : le carbonate de
chaux, d'abord essentiellement terreux, se mue petit
à petit, et çà et là, en embryons de rhomboèdres.
Pendant ce temps, les tests de diatomées, les spicules d'éponges riches en silice hydratée, donnent
au liquide circulatoire la propriété silicifiante par
voie d'incrustation. En des points de la masse générale, que nous ne saurions d'ailleurs reconnaître et
où, en apparence, ne se présente rien de particulier,

1. Renard et Klément, *Bull. Acad. roy. de Belgique,* 57ᵉ année,
XIV, 807, 809 (1887).

il se déclare une véritable faculté attractive sur la
silice dissoute. Y parvient-elle, que cette matière se coa-
gule en un petit flocon gélatineux autour duquel tous
les atomes de silice du voisinage viennent se réunir
en une masse toujours grossissante. Parallèlement
à cette concentration, il se réalise dans la matière
qui s'accumule, une de ces opérations qu'on qualifie
de moléculaires, et qui arrangent les atomes d'une
nouvelle manière, en déterminant une expulsion
d'eau de façon que la gelée de tout à l'heure se transforme peu à peu dans la matière précisément désignée sous le nom de *silex*. C'est fréquemment par
zones successives que se fait l'accroissement du petit
nodule. Il remplace un nodule de plus en plus considérable de la masse crayeuse primitive qui s'évanouit
d'une manière pour ainsi dire occulte, car elle laisse
sa structure à la substance de remplacement. Examinée en lames minces au microscope, la pâte du silex
présente l'apparence exacte de la craie : non seulement tous les grains qui la composaient sont reproduits par des différences d'allure et de transparence de
la matière nouvelle, mais tous les tests empâtés sont
reproduits dans tous les détails de leur forme par un
véritable moulage siliceux. Même de gros fossiles,
comme des *Ananchytes*, se trouvent englobés et, dans
ce cas, on voit que, comme la craie qui les envelop-
pait, la craie qui remplissait leur vide intérieur, a été
épigénisée. Cette opération merveilleuse s'est faite
de telle sorte que le test même de l'oursin n'a généralement pas été transformé de la même manière que
sa gangue. Nous verrons dans la partie biologique de
ce livre, comment il faut expliquer le phénomène;

pour le moment, notons seulement que la matière qui a pris sa place dans la faible épaisseur laissée entre le noyau et la roche ambiante, a été le plus souvent du carbonate de chaux, n'ayant rien à voir avec la substance qui a vécu.

En conséquence, nous sommes autorisés à dire que la silice, qui représentait 60 °/₀ du poids de la boue à globigérines est venue lentement s'isoler sous la forme de rognons de silex. Pour avoir la composition vraie de la roche transformée, il faudrait en analyser par exemple un mètre cube, prélevé dans une région où le silex serait d'abondance moyenne et l'on retomberait alors sur la composition de la boue à globigérines elle-même.

Cette filiation, entre la boue actuelle et la craie, peut être, dans une certaine mesure, confirmée par l'observation de localités transitoires. C'est ainsi que dans le terrain tertiaire, en Algérie et en Tunisie, à Gafsa, comme à Tebessa, les gisements célèbres de phosphate de chaux contiennent ce minéral, si précieux pour l'agriculture, associé à une véritable craie éocène.

Nous pourrions en continuer l'histoire et constater que les différentes formations géologiques plus anciennes que le terrain crayeux renferment des calcaires qui représentent la suite de l'évolution rocheuse dont nous venons de parler. Le calcaire compact du terrain néocomien et les pierres de plus en plus cristallines du jurassique nous amèneraient aux marbres si bien caractérisés des différents niveaux primaires, carbonifère, dévonien et silurien. Par exemple le marbre noir du niveau qualifié de Culm, peut être, malgré la différence profonde qu'il a acquise, regardé comme une antique boue abyssale où la place et le rôle des globigérines étaient tenus par les fusulines. Le calcaire houiller de Moscou qui, malgré son grand âge, a échappé au métamorphisme, représente à cet égard un terme transitoire bien précieux.

Une dernière observation s'impose : l'allure de la masse crayeuse n'y fait pas voir seulement le résultat d'opérations chimiques, mais aussi celui de déplacements relatifs plus ou moins considérables. Le plus remarquable peut-être concerne la circonstance signalée par MM. Renard et Klément, dans le mémoire précédemment cité : « l'examen des fossiles, disent ces géologues, spécialement les échinodermes, nous prouve à l'évidence qu'ils ont été soumis à des remaniements mécaniques. Or, ceux-ci sont inexplicables, si la craie s'est déposée comme les vases océaniques. »

De sorte que, encore en 1887, ces savants en étaient toujours à cette croyance que la craie, depuis le moment de son dépôt, est restée identique à ce qu'elle était au début ! Et dix ans plus tard, M. Cayeux, répétant la même assertion pour les fragments d'inocérames, jetés en désordre dans certaines régions de la craie, comme dans le *banc des soies* du bassin du Nord concluait : « que l'action de l'eau de mer en mouvement, a tout au moins contribué à fracturer les coquilles et à répartir les fragments sur le fond de la mer ; c'est elle qui a brisé les prismes et les a éparpillés dans la boue crayeuse. » D'où il résulte que, sachant de science certaine que les eaux qui sortent de la craie sont toutes calcarifères, on raisonne comme

si leur calcaire n'avait pas été emprunté à la craie,
alors, qu'en conséquence de cet emprunt, la roche,
perdant constamment une partie de son volume, se
tasse nécessairement sur elle-même. Et les grands
tests d'inocérames sont admirablement placés pour
se fracturer en débris de plus en plus petits, en conséquence de ces tassements.

La craie est donc bien certainement une boue à
globigérines, évoluée, pour son compte, dans la grande
évolution des roches.

Dépôts pélagiques ou des grands fonds. — La
région médiane des grands océans, ordinairement
très profonde, est placée dans des conditions spéciales
au point de vue de la sédimentation. Les eaux qui
circulent au-dessus d'elle n'ont pas d'occasions de se
charger de troubles et ceux qu'ils ont pu acquérir
avant d'y parvenir ont, pendant leur long trajet, cédé
à l'action de la pesanteur, de sorte que tous les dépôts
de matériaux solides étant faits, l'eau est à peu près
dépourvue de toute substance en suspension. La sonde
ramène cependant des plus grandes profondeurs
quelques éléments minéraux, et M. Murray constate,
dans les rapports du *Challenger*, que ces matériaux
dérivent exclusivement de trois origines : météorique,
volcanique et organique. Le vent, qui passe au-dessus
de la mer et qui la traverse, abandonne de fines particules, résidus des sables enlevés aux continents et
qui, eux aussi, se sont épurés en voyageant. Les volcans déversent sur la mer des déjections nectiques et
dont la décomposition peut fournir, au centre même
des océans traversés, des débris séparés, soit par la

corrosion des eaux, soit par l'activité d'animaux lithophages. Mais la source la plus efficace et qui nous arrêtera plus loin, c'est le développement des réactions chimiques, entre des solutions diverses qui, en se rencontrant, déterminent sous l'influence presque exclusive de la force vivante, des précipités insolubles. Il en résulte, pour le dépôt abyssal type, des caractères qui le séparent nettement des dépôts précédents.

L'opinion d'hommes spécialement autorisés, comme MM. Murray et Renard, c'est que, vu l'extraordinaire minceur de ce dépôt, on peut pratiquement le considérer comme nul, au moins dans certaines régions. Mais cette manière de voir ne les empêche pas de conclure, des descriptions géologiques de toutes les coupes anciennes observées jusqu'ici, qu'aucun point de ces coupes ne représente un grand fond. « Nous constatons, disent-ils[1], que dans certaines régions de la mer actuelle, il ne se forme pas de dépôts appréciables. On peut en déduire que dans les terrains sédimentaires, l'absence d'une couche dans la série ne peut pas être interprétée comme indiquant une émergence ou une érosion. » Et ailleurs : « S'il était prouvé que dans ces couches, les sédiments pélagiques ne sont pas représentés, il s'en suivrait que des océans larges et profonds n'auraient pas autrefois occupé les aires continentales. On pourrait déduire, comme corollaire, que les grandes lignes des bassins orographiques et des continents ont été tracées dès le commencement des âges géologiques, et nous arriverions ainsi à une nouvelle confirmation de l'idée de

1. Loc. cit., p. 60.

la permanence des continents[1]. » C'est aller bien vite
en besogne! et il convient ici de faire remarquer que
la prétendue base du raisonnement précédent, manque
totalement.

Admettons pour un moment qu'il se soit produit
dans un ancien océan, un dépôt abyssal comme celui
à la formation duquel on assiste dans les abîmes de
l'Atlantique, et demandons-nous à la suite de quelles
actions, ce fond pourrait arriver à faire partie d'un
ensemble stratigraphique, dont la coupe serait mise à
jour par un escarpement de montagne. Il faudra, avant
tout, qu'il soit encadré entre les roches qu'il recouvre
et les sédiments qui se seront déposés à sa propre surface. Mais, pour que ce recouvrement soit possible, il
faut que les matériaux en soient apportés au point considéré; que la profondeur en soit progressivement
diminuée et que le calme indispensable à l'élaboration du grand fond soit remplacé par l'agitation d'un
courant aussi faible qu'on voudra. Tout le monde
voit que le premier effet de cette eau circulante même
peu rapide sera de soumettre le si fragile dépôt
abyssal à une véritable érosion qui le supprimera
complètement[2].

Au nombre des causes d'où dérivent les fonds pélagiques, nous pouvons en mentionner dont l'allure est
sans doute imprévue car elle ressortit au domaine de
l'astronomie. Elle est révélée par la rencontre, dans
les sédiments marins, de petits corpuscules très réguliers, d'une faible fraction, d'ailleurs variable, de

1. *Ibid.*, p. 58.
2. Stanislas Meunier, Comptes rendus de l'Académie des
Sciences, CLXII, 357, mars 1916.

millimètre de diamètre, attirables à l'aimant et composés essentiellement de fer, peut-être quelquefois
natif, le plus souvent à l'état d'oxyde magnétique.
Ils sont généralement pleins et quelquefois creux. Ils
ont d'abord été signalés par MM. Murray et Renard
dans le rapport des travaux du *Challenger*, comme
provenant des plus grands abîmes. Nous en avons de
notre côté[1] retrouvé les analogues dans un très
grand nombre de fonds de mer, dragués à des profondeurs très diverses par l'amiral Mouchez et qui
sont conservés au Muséum, puis, de proche en
proche, dans des roches sédimentaires de tous âges,
depuis les sables verts du fond du puits de Grenelle
jusqu'aux grès primaires permien, houiller, dévonien. Il s'agit donc d'un phénomène intéressant toute
la surface du globe, se continuant depuis les époques
les plus reculées, et, selon toute vraisemblance, ayant
une origine extra-terrestre ou astronomique. Il nous
fournit, en conséquence, la notion d'une collaboration
cosmique dans l'édification des sédiments océaniques.
Il est vrai que les opérations sidérurgiques donnent
lieu à la production accidentelle de milliards de petits
globules qui ont avec ceux qui nous occupent des
analogies très remarquables, et l'on peut supposer
sans imprudence qu'une partie des corpuscules
recueillis dans les sédiments les plus récents, sont
d'origine artificielle. D'autre part, nous ne connaissons qu'une seule réaction chimique qui puisse donner lieu aux sphéroïdes en question : c'est la combustion du fer métallique exposé à une température

1. Stanislas Meunier et Gaston Tissandier; Comptes rendus
de l'Académie des Sciences, LXXXVI, 450. (1878).

suffisamment élevée au contact du gaz oxygène. Dès lors, la seule origine qui soit acceptable est la pénétration dans l'atmosphère des masses météoritiques qui, si ordinairement, contiennent du fer métallique et dont la combustion au contact de l'air donne lieu aux traînées ou queues des bolides. S'il en est réellement ainsi, l'étude de la sédimentation marine nous procure une notion inespérée sur l'antiquité du phénomène météoritique.

TROISIEME PARTIE

LES CARACTÈRES PHYSIQUES DE LA MER

Par caractères physiques de la mer, nous entendons
l'ensemble de celles de ses propriétés qui dépendent
de l'intervention des forces dites physiques, par oppo-
sition à celles que nous qualifions de dynamiques, de
himiques et de biologiques.

Pratiquement, le sujet se réduit à la considération
de la pesanteur, par la pression qu'elle détermine
dans la masse des eaux, de la lumière et de la chaleur. L'électricité et le magnétisme interviennent sans

CHAPITRE PREMIER

La Piézométrique de la mer.

———

Les caractères de la mer qui sont en rapport avec la pesanteur, concernent d'abord la densité de l'eau salée, et en second lieu la pression éprouvée par cette même eau et qu'elle transmet aux corps qui sont immergés dans sa masse.

Densité de la mer. — La densité étant par définition le rapport du poids du corps considéré, au poids d'un égal volume d'eau pure, à la température de $+ 4°$ et à la pression de 76 cent. de mercure, on aura immédiatement la densité de l'eau de mer en pesant un volume connu à cette même température et à cette même pression. Le pycnomètre est l'appareil qui sert à cette opération. Il démontre que la densité de la mer n'est pas partout la même ; elle varie d'un point à l'autre de la surface, selon la salure ; elle varie aussi suivant la profondeur. Toujours, et cela va sans dire, elle varie avec la température.

Voici, d'après des mesures prises par Bruce, Buchanan et Richard[1], quelques densités de l'eau de mer :

1. *Bulletin de l'Institut Océanographique*, année 1905, p. 71.

Côtes de Norvège. 1.02329
Açores. 1.02426
Lofoden 1.02433
Madère (près Funchal). . . 1.02534
Golfe de Gascogne. 1.02540
Spitzberg. 1.02564
Nord de la Corse. 1.02590
Tromsoë. 1.02626
Détroit de Gibraltar. . . . 1.02948

M. Hillgard, remarquant que l'indice de réfraction de la dissolution aqueuse d'un sel varie avec la proportion de ce sel, a construit un appareil qui fournit la densité de l'eau de mer par l'observation de son indice de réfraction. Une simple lecture donne des résultats dont l'approximation est de 0.00006. Dans certains cas, on trouve avantageux de conclure la densité de l'eau de mer, de son degré de chloruration[1].

Il nous faut reconnaître que l'étude de la densité ne paraît pas avoir de notables conséquences géologiques. Cependant, la conformité des substances qui ont été précipitées au fond des océans de tous les âges, par exemple l'argile fine, doit nous faire croire que la densité de l'eau était alors sinon identique, au moins, fort analogue à la densité actuelle.

Compressibilité de la mer. — La densité de l'eau de la mer variant avec la profondeur, c'est qu'elle est compressible. Sa compressibilité a donné lieu à des recherches expérimentales.

1. *Bulletin de l'Institut océanographique*, vol. de 1902, p. 5 et p. 13.

La pression dans la mer augmente d'une atmosphère, chaque fois que la profondeur s'accroît de 10 mètres : il en résulte qu'au fond d'un océan de 9 kilomètres, il règne une pression de 9 mille atmosphères. On doit s'attendre à ce qu'une semblable condition exerce une influence notable sur tous les phénomènes dont la mer est le théâtre, et spécialement sur les phénomènes chimiques et sur les phénomènes biologiques. Pour en évaluer l'importance, il faut ajouter que la compressibilité de l'eau de mer est très faible. Un litre d'eau considéré à un mètre au-dessous de la surface se comprime de 46.614 billionièmes de son volume.

Cette quantité devient notable s'il s'agit de profondeurs considérables. La compression de l'eau des abîmes est avant tout démontrée par les accidents soufferts par les poissons brusquement remontés à la surface et dont la vessie natatoire, trop brusquement décomprimée, se dilate et se projette par la bouche.

On a cru tout d'abord que les fortes pressions des abîmes devraient tendre à priver les régions profondes de toute trace de gaz dissous. L'expérience montre qu'il n'en est rien et qu'on prenait des précautions bien inutiles quand, pour recueillir des prises d'eau des abîmes, on avait recours à des bouteilles très épaisses devant résister à la tendance à l'explosion, en revenant à la surface. Déjà nous avons dit incidemment que les pluies de sable entraînent, sous la forme de gaines, enveloppant chacun de leurs grains, de l'air qui lentement dissous, contribue à renouveler la provision respiratoire des grands fonds, sans tendance à la remontée vers la surface. L'océanographe Aimé[1] considère l'air dissous comme se trouvant dans une situation analogue à celui qui remplit les petits canaux des briques et qui, malgré le poids de l'édifice, n'est pas plus comprimé. Cette comparaison est contestable ; mais il ne faut pas oublier qu'Aimé s'est servi de la mer comme d'un appareil propre à la compression de beaucoup de corps. Cette manière d'opérer a été très avantageusement remplacée par les ingénieux piézomètres de Cailletet, de Raoul Pictet, etc.

Pour l'étude de ces phénomènes, les organismes vivants constituent des appareils des plus précieux, et les expérimentateurs ont, suivant les cas, considéré les conditions d'un milieu construit comme l'est le fond de la mer, ou bien celles d'un milieu à qui l'on donnerait cette constitution.

Pour le premier point de vue, la découverte d'une faune abondante dans les abîmes a conduit à reconnaître que, comme on aurait pu le prévoir, un équilibre de pression, strictement établi, règne entre le milieu et les êtres qui y vivent, et si bien, que pour ceux-ci, le danger est précisément de sortir de la zone avec laquelle ils sont accordés.

A l'autre point de vue, c'est-à-dire quant aux effets résultant de la pénétration brusque dans la grande profondeur, le Dr Regnard a fait des expériences décisives[2].

Un cyprin, ou poisson rouge, est placé dans le vide

---

1. *Recherches de physique sur la Méditerranée*, 1 vol. in-4°, 1845.

2. *Recherches expérimentales sur les conditions physiques de la vie dans les eaux.* 1 vol. in-8°. Paris, 1891.

pneumatique pendant une minute (pour vider d'air sa vessie natatoire); puis, on exerce sur l'eau où il nage une pression de cent atmosphères. Au bout de peu de temps, on rétablit la pression ordinaire. L'animal ne manifeste aucun trouble appréciable. Mais si on a poussé la compression à 200 atmosphères, en très peu de minutes, c'est-à-dire si on l'a placé dans la condition qui règne à 2.000 mètres de profondeur, on trouve l'animal sans mouvement et comme endormi. Il se réveille bientôt et reprend son allure ordinaire. La pression ayant été portée à 300 atmosphères, le sujet de l'expérience est trouvé mort. A 400, il est non seulement mort, mais rigide et dur comme du bois, et la conclusion, c'est que la limite où peuvent descendre les poissons de surface se trouve vers 3.000 mètres. L'auteur a poussé ses essais jusqu'à 1.000 atmosphères et il a constaté des séries de désorganisations des tissus, démontrant que ce n'est qu'à la faveur d'un temps plus ou moins prolongé que les différents éléments histologiques pourraient se mettre en équilibre de pression avec le milieu.

Géologiquement, nous ne pouvons rien tirer de ces remarques ; les pressions ont pu, à la rigueur, être extrêmement différentes de celles qui règnent aujourd'hui, sans que l'équilibre dont nous venons de parler en ait été le moins du monde modifié. C'est seulement à cause de tout l'ensemble des autres témoignages de continuité qu'il nous est permis de supposer que la pression n'a pas fait exception.

CHAPITRE II

L'Optique de la mer.

La transparence de la mer a fixé l'attention depuis longtemps. A la fin du xviii° siècle, Marsilli étudiait la « diafanité » en même temps que la couleur des eaux, en notant la distance à laquelle apparaissait, ou disparaissait à la vue, un poisson de couleur rouge attaché à un hameçon. Il la fixait entre 7 à 11 brasses, selon les localités et les circonstances. Plus tard, d'autres opérateurs descendirent sous l'eau un écran blanc (assiette de porcelaine, etc.) qui restait visible jusqu'à 40 mètres. Le P. Secchi et Cialdi reprirent les expériences en 1865 avec de grands disques de toile blanchie à la céruse, et ils répandaient de l'huile à la surface de l'eau, pour empêcher le clapotis : leurs disques n'étaient plus visibles au delà de 45 mètres. La conclusion de ces différentes recherches fut que les eaux sont d'autant plus transparentes qu'elles sont plus bleues et d'autant moins qu'elles sont plus jaunes. Elles sont aussi d'autant plus transparentes qu'elles sont plus éclairées. On admet en général que la transparence moyenne est de 33 mètres pour la Méditerranée, 31 pour la mer Égée, 21 pour la mer Rouge.

La transparence est maxima en hiver et minima en été. Elle s'accroît avec la salure, enfin, elle est plus grande dans les eaux profondes. Selon Wild, l'eau froide serait plus transparente que l'eau chaude : l'eau glacée du pôle est plus diaphane que l'eau tiède du Pacifique tropical.

Par suite de son passage au travers de l'eau, la lumière blanche perd successivement: ses rayons violets, c'est-à-dire chimiques ; ses rayons rouges, c'est-à-dire calorifiques ; ses rayons jaunes, c'est-à-dire les plus lumineux ; et elle devient bleue.

La pénétration de la lumière de la Lune dans la mer a été étudiée par X. de Maistre[1], qui, abrité par un parapluie des rayons directs de notre satellite alors au méridien et à une hauteur de 28°, faisait descendre dans la mer une plaque de fer carrée de 14 pouces de côté peinte en blanc avec de la céruse. Il la suivait des yeux aussi longtemps qu'il la pouvait voir et mesurait la profondeur aussitôt qu'il la perdait de vue. Cette profondeur a toujours été dans les environs de 40 pieds.

La couleur de la mer a été l'objet de nombreuses recherches. Pourquoi la mer est-elle colorée ? La couleur qu'elle nous offre est-elle celle de l'eau ?

Bien des personnes s'imaginent que la couleur de la mer provient de la réflexion du bleu du ciel. Arago a donné le moyen de s'en assurer[2] : regarder la surface de l'eau au travers d'une tourmaline et sous un angle de 37°, de façon à supprimer toute la lumière atmosphérique qui est polarisée sous cet angle. Or,

1. *Le Journal de l'Institut*, 3ᵉ année, p. 176.
2. *Œuvres complètes*, t. IX, p. 111.

on continue de voir la mer bleue : donc le ciel n'est pas la seule cause du phénomène. Il est naturel de supposer que les poussières tenues en suspension dans l'eau doivent y contribuer. Tyndall a cherché à s'en assurer. Partant de l'idée que le bleu du ciel est causé par la suspension de très fines gouttelettes d'eau dans l'atmosphère, il conclut qu'en effet, c'est bien là la cause du phénomène, pourvu qu'on ajoute à l'eau une série de nombreuses substances, qui restent en suspension dans l'air à cause de leur extrême ténuité.

La poussière suspendue dans l'eau provient de plusieurs origines. C'est la partie la plus fine des matériaux charriés par l'eau continentale et par le flot, battant les rivages ; c'est le produit des pluies de poussière, le résultat de la décomposition du bicarbonate de chaux sous l'influence de l'appel atmosphérique en cas de déficit de l'acide carbonique ; enfin c'est la conséquence de l'activité vitale, sécrétions et excrétions, tests de foraminifères, de diatomées, etc.

On met la poussière en évidence en lançant au travers de l'eau un rayon de lumière, comme dans une chambre noire pour déceler les poussières atmosphériques.

Les effets qu'elle détermine sont remarquables : elle diffuse la lumière et permet ainsi un éclairage relatif de certaines anfractuosités qui ne sont pas sur le trajet rectiligne des rayons lumineux ; elle intercepte la lumière qui tend à pénétrer dans l'eau et contribue au peu d'éclairage du fond, jouant le même rôle que les nuées dans l'atmosphère ; elle apporte à l'habitat dans l'eau un certain nombre de complications dont nos plongeurs ou scaphandriers nous donnent une idée en nous disant qu'ils vivent dans l'eau comme au milieu d'un brouillard. Le concours de la lumière artificielle est d'ailleurs très difficile, à cause de l'éblouissement qui résulte de la réflexion de la lumière sur les corps suspendus qui deviennent brillants et par contraste plongent dans l'obscurité les régions plus lointaines.

Quelle est la couleur propre de la mer ?

Les qualifications de mer Blanche, mer Noire, mer Rouge, mer Vermeille, mer Jaune, viennent de causes locales, car on est assez généralement d'accord pour admettre que l'eau par elle-même est bleue : les eaux pures provenant de la fonte des neiges et des glaciers étant d'un bleu vif, comme l'a constaté Humphry Davy. Scoresby compare les mers polaires au bleu d'outremer ; Costaz rapproche la Méditerranée d'une solution du plus bel indigo ; pour le capitaine Tuckey, l'Atlantique équinoxial est d'un azur vif. Quand l'eau n'est pas bleue, comme il arrive avant tout à celle de l'Atlantique sur nos rivages, qui en ont pris le surnom de côte d'émeraude, la nuance est due pour une large part à la nature des matières en suspension

Il y a intérêt à suivre lès variations de couleur d'une mer donnée, qui sont sans doute en relation avec plusieurs causes, les unes dérivant des mélanges dont nous venons de parler et les autres étant de nature météorologique. Forel qui, dans sa grande étude du lac Léman[1], s'est trouvé en présence de pro-

---

1. *Le Léman, monographie limnologique.* 3 vol. in-8°. — *Le lac Léman, Précis scientifique*, 5 vol. in-8°. Genève et Lyon, 1886.

blèmes identiques à ceux qui concernent la mer, s'est servi d'un procédé qui permet l'évaluation comparative des différentes nuances, en définissant tout d'abord deux solutions qu'on sera toujours à même de retrouver avec la même couleur : l'une bleue, préparée en dissolvant, dans 190 grammes d'eau, 1 gramme de sulfate de cuivre et 9 grammes d'ammoniaque ; l'autre, jaune, consistant dans la solution de 1 gramme de chromate de potasse dans 199 grammes d'eau. La première portera le n° 0 et l'autre, le n° 100. Cela fait, on composera 8 échelons entre ces deux extrêmes, en mélangeant 10 grammes de liqueur jaune avec 90 grammes de liqueur bleue ; puis 20 grammes de jaune dans 80 de bleu, etc.

Un échantillon d'eau étant donné, on n'a qu'à lui comparer les différents tubes étalons, pour reconnaître duquel il se rapproche le plus.

Il y a encore d'autres causes aux différences de couleur que présente la mer. La profondeur intervient d'une manière très nette. Dans les régions polaires, où l'eau est d'une pureté et d'une limpidité remarquables, on remarque que la nuance outremer s'intensifie dans les endroits les plus profonds. Sur les côtes du Chili, la nuance verte du Pacifique passe presque au noir. D'autre part, il arrive que le fond détermine une coloration particulière : si la profondeur n'est pas trop grande, la couleur de l'eau en est modifiée : sur des sables jaunes, l'eau bleue paraît verdâtre, et par les forts éclairages peut même devenir jaune. D'après Tuckey, dans la baie de Loango, la mer est rouge, à cause de la couleur du fond. Ces nuances peuvent en certains cas déceler la présence

de hauts fonds et servir d'avertissement aux naviga-
teurs. Cependant, les hauts fonds ne sont pas toujours
la cause des taches colorées de la surface. D'après
Arago, il y en a sur un fond de 975 mètres par
21° 51' lat. N. et 21° 54' long. O.

La hauteur du soleil, comme tout le monde l'a
remarqué, influe sur la coloration de la mer dont les
vagues déchaînées par l'orage, sont si sombres. Arago
dit que la Méditerranée agitée a une teinte verdâtre,
d'autant plus foncée que l'agitation est plus forte ; cette
teinte passe au vert sombre quand le temps est couvert.
Si l'atmosphère est pure, la surface de la mer tranquille
est d'un azur plus vif et plus brillant que le ciel.

La pénétration de la lumière du soleil dans la mer
étant très limitée, on en a conclu longtemps que les
abîmes sont voués à une obscurité absolue et ininterrompue, en alléguant d'ailleurs les animaux sans
yeux que l'on y a rencontrés. Mais la cécité ici ne
prouve rien. Il y a sur terre des animaux aveugles
(n'a-t-on pas dit récemment que les escargots, bien
qu'ayant des yeux, sont insensibles à la lumière ?) ;
y en a dans les eaux superficielles de la mer. Enfin,
les profondeurs abondent en êtres pourvus d'organes
visuels parfaitement constitués. Parmi les crustacés,
on peut, avec Filhol[1], citer tout spécialement le Bathynome géant, qui provient de 1.500 mètres de profondeur et dont chacun des yeux comprend plus de
4.000 facettes ; *Ptychogaster formosus*, qui vient de
près de 1.000 mètres de fond ; *Gnathophausia Zoca*,
qui a des yeux sur les maxillaires.

1. *La Vie au fond des mers.* 1 vol. in-8°, Paris, s. J. (Bibliothèque de la Nature), p. 135 et 146.

D'autres animaux, sont remarquables par la perfection de leur appareil visuel, et par exemple des
mollusques. Certains d'entre eux qui ont des yeux
dignes de vertébrés, paraissent ne jamais sortir des
régions les plus profondes de la mer et ils nous seraient
même restés peut-être à jamais inconnus, sans la
collaboration bien imprévue de plongeurs incompa-
rables. Quand on pêche à l'aide du canon porte-
amarres, ces énormes cétacés connus sous le nom de
cachalots, les convulsions de l'agonie déterminent
chez eux un brusque vomissement des matières contenues dans l'estomac. En recueillant celles-ci, les
naturalistes qui ont pris part aux croisières du prince
de Monaco, y ont découvert des fragments de céphalopodes voisins de nos calmars pourvus d'yeux comme
ceux-ci mais beaucoup plus volumineux et que les
mammifères marins savent aller arracher aux cavernes
profondes dans lesquelles ils se cachent.

Les céphalopodes témoignent encore d'une autre
manière de l'importance de la vue dans la vie abyssale, par la possession de sacs à encre, pareils à ceux
de nos seiches. La matière noire qui en jaillit, n'a
d'autre but que de permettre à l'animal qui l'émet
d'échapper à la poursuite de ses ennemis, en obscur-
cissant l'eau qui l'entoure. Une telle ressource ne
saurait exister dans l'arsenal de défenses d'êtres
vivants dans une obscurité absolue.

Le Bathynome ne peut manquer de nous frapper
par les analogies qu'il présente, sans préjudice des
différences, avec les trilobites des temps primaires.
Eux aussi, sont pour la plupart pourvus d'yeux, dont
certains gisements exceptionnellement bien conservés,

comme celui de Rome, dans l'État de New-York, ont
permis de faire une étude approfondie. Les roches
dans lesquelles gisent les trilobites et qui sont très
voisines des phyllades, c'est-à-dire des résultats du
métamorphisme des matières argileuses fines, portent
à croire que les antiques crustacés habitaient les
abîmes. Il y a lieu de conclure de ces observations,
d'une part que le fond de la mer ne doit pas être
privé de lumière, de l'autre, que son régime lumineux était déjà réalisé dans les océans primaires.

Comme dernière remarque, ajoutons que la chaleur
peut, sous la forme dite rayonnante, présenter avec
la lumière des analogies si complètes que c'est comme
une espèce d'appendice à nos considérations opti-
ques que la mention doit en être faite ici. C'est d'ailleurs encore par l'intermédiaire des êtres vivants,
considérés comme véritables réactifs, que la révéla-
tion nous a été faite. M. Joubin a signalé, en effet
chez un céphalopode des profondeurs, le *Chirotheutis*,
l'existence d'un organe sensoriel ayant la structure
générale de l'œil, bien qu'il soit impénétrable aux
rayons lumineux, et qui constitue évidemment un
œil *thermoscopique*. Le chromatophore lenticulaire
qu'on y observe, d'un noir intense, biconvexe et dont
le foyer est à la terminaison d'un nerf, est le cristallin d'un récepteur spécialement affecté aux rayons
obscurs.

On sait comment dans les laboratoires de physique
un ballon rempli d'une solution concentrée et noire
d'iode dans le sulfure de carbone, concentre les
rayons calorifiques qui le traversent, en un foyer
décelé immédiatement par le thermomètre. Le *Chi-*

rotheutis doit reconnaître et apprécier les qualités des corps voisins d'après la direction et l'intensité des rayons chauds qu'il en reçoit. Ces rayons jouent donc dans l'économie physique de l'océan un rôle comparable à celui qu'y accomplit la lumière.

Avant de rechercher (voir la Cinquième Partie) quelle cause peut déterminer l'éclairage des abîmes, notons la riche coloration d'une foule de leurs habitants. *Le Talisman* et *Le Travailleur* d'abord, et plus tard, les autres explorateurs scientifiques de la mer, ont révélé aux zoologistes, l'existence de toute une série de crustacés qui confirmeraient la description si fantaisiste et si célèbre, qui faisait naguère de l'écrevisse « un petit poisson rouge ». A 2.733 mètres, le *Notostomus* ressemble à une crevette d'un rouge violacé intense. « La couleur rouge, dit Filhol, semble dominer chez les crustacés macroures des grands fonds : *Pennus* est rouge, *Acantephira* porte une large plaque rouge sur son corps qui est rose ; *Nephropsis* est orange et rouge. »

CHAPITRE III

La Thermique de la Mer.

L'eau n'a que peu de conductibilité pour la chaleur, et comme c'est la chaleur absorbée qui l'échauffe seule, elle s'échauffe beaucoup moins que les régions continentales. La température maximum de la pleine mer ne dépasse jamais 30°; celle de la terre ferme peut atteindre 70°. Par contre, la mer se refroidit peu. A Bordeaux, la moyenne de l'hiver est de + 6° 1; sous la même latitude, l'Atlantique n'est jamais au-dessous de + 10° 7.

La température de la mer est beaucoup plus constante que celle de l'atmosphère superposée. Par exemple, la variation, de l'hiver à l'été, n'est à Lisbonne que de 6° pour l'océan, tandis qu'elle est de 12° pour l'atmosphère.

L'évaporation de la mer absorbe une quantité considérable de chaleur, fait intéressant pour l'histoire de certaines roches qui proviennent d'un dessèche-ment marin.

Les deux régions les plus chaudes de la mer sont situées, l'une dans l'Amérique du sud, entre Cayenne et le Para; l'autre entre Freetown et Cape-Coast-

Castle (Afrique occidentale). Ces deux localités sont l'une et l'autre au nord de l'équateur ; par conséquent, il n'y a pas, dans la distribution du phénomène thermique, plus de symétrie que nous n'en avons trouvée dans les délinéaments géographiques et par exemple dans la situation des continents.

Pour apprécier les traits de la distribution thermique, il ne faut pas oublier que l'océan est bien éloigné d'être stagnant. Ses agitations doivent évidemment intervenir dans la répartition de la chaleur dans sa masse. Il en résulte que la mer remplit la fonction essentielle de régulateur de la température superficielle de la terre : il réalise cette fonction grâce à sa mobilité et par le jeu des courants. D'une façon générale, les continents sont plus froids que la mer en hiver et plus chauds en été, d'où les grands traits de la météorologie. En été, il se constitue trois centres continentaux de dépression au Mexique, dans le Sahara et dans le désert de Gobi. En hiver, il se fait à l'inverse des centres océaniques de pression et les vents convergent vers le milieu du Pacifique et vers les Açores.

Le gulf-stream, dans les parages des îles Bermudes, charrie des eaux à 25° dans une mer à 18° seulement. C'est donc un énergique brasseur de température. Un courant venu de la côte S.-E. de l'Afrique, longe le banc des Agullas. Sa température est de 4 à 5° supérieure à celle des eaux voisines. Peut-être est-il la cause de la nappe de nuages qui existe en permanence sur le sommet de la montagne de la Table (cap de Bonne-Espérance). A l'inverse, le long des côtes du Chili et du Pérou, existe un courant froid qui, à partir de Chiloé, se meut rapidement du sud au nord, et porte jusqu'au parallèle du cap Blanc, les eaux refroidies du pôle austral.

La distribution des températures marines est influencée par la rencontre des seuils et par exemple par la crête Wyville-Thomson, précédemment citée comme barrant l'Atlantique nord de l'Ecosse au Groënland. Jalonnée par les Shetland, les Feroë et l'Islande elle constitue un obstacle contre lequel se heurte le gulf-stream. L'eau chaude remonte sur l'eau froide qui vient de l'océan glacial et il en résulte une distribution thermique remarquable[1].

Aristote, avait affirmé que la mer est plus chaude à la surface qu'en profondeur. Le fait fut confirmé en 1750 par Buffon qui constata qu'un plomb de sonde ramené rapidement dans les mers tropicales paraît froid. L'invention des thermomètres *à minima* a seule permis de faire des observations précises.

Les premiers physiciens qui se sont occupés de la répartition de la température en profondeur furent influencés par l'idée préconçue que l'eau de mer doit présenter, comme l'eau douce, son maximum de densité à $+ 4°$, c'est-à-dire avant le point de congélation. Cette supposition exprimée par James Ross, dans des publications parues de 1840 à 1843 et soutenue par Herschel, fut abandonnée quand on eut étudié les propriétés thermiques de l'eau de mer. Elles sont, en effet, nettement différentes de celles de l'eau douce. Pour ces dernières, Forel a signalé, au lac Léman, la « barre thermique ». La température de

1. Wyville-Thomson, *les Abîmes de la Mer*, p. 239. 1 vol. in-8°. Paris, 1875.

l'eau de surface allant, à partir du rivage de 0° 5 à 7° au milieu, il se fait nécessairement une barre d'eau : dans la zone, située entre les deux extrêmes, où règne la température de 4°, une eau plus dense s'écoule des deux parts, pour constituer un véritable bourre-let dont un versant est incliné vers le rivage, et l'autre vers le large, mais les choses se présentent tout autrement dans la mer. Sous une épaisseur plus ou moins grande d'eau chaude, variant de 110 à 150 mè-tres d'épaisseur, des zones de plus en plus froides se succèdent, dont les plus profondes ont une tempéra-ture bien inférieure à la température minimum de l'air à la surface. Cette température est peu supérieure à celle du fond des mers polaires, qui descend parfois jusqu'à — 2° 5 : elle varie, en effet de 0° à + 2°.

Ces considérations ont paru à Hervé Faye de na-ture à asseoir des considérations géologiques. D'après lui, la croûte terrestre, serait plus épaisse sous le bassin des océans. En effet, si l'on suppose une ré-gion où la mer a 5.000 mètres de profondeur, on sera obligé de reconnaître qu'à cette profondeur, la tem-pérature souterraine, dans la masse du continent voisin est de 170° et qu'à partir du fond de la mer, il y a par conséquent un retard du même nombre de degrés dans la répartition de la chaleur.

La glace marine. — Sous l'influence d'un froid suffisant, l'eau de la mer perd sa fluidité, se constitue à l'état de glace et donne lieu à de nouveaux phéno-mènes. Tout d'abord, elle se signale par sa densité qui, au lieu d'être de 0.94, comme c'est le cas pour la glace d'eau douce, est comprise, suivant les régions,

entre 1,008 et 1,076. La raison de ces variations est
avant tout due au mélange très fréquent de filets
d'eau douce à la masse salée, qui entraîne une espèce
de stratification de solutions diverses. L'eau de la
mer pesant de 1.023 à 1.029, il arrive que la glace
océanique coule au-dessous de la surface. La surface
des fractures au travers des glaçons montre des lits
superposés de couleurs diverses, principalement
blanche ou verdâtre : ils peuvent être poreux, et plus
ou moins transparents et même quelquefois tout à
fait opaques. Ces circonstances sont dues à l'arran-
gement que le sel prend au cours de la congélation :
quand un vaisseau reçoit des paquets de mer qui
gèlent sur le pont, les glaçons contiennent constamment dans leur milieu une portion d'eau qui ne gèle
pas : rappelons que l'eau saturée de sel, ne gèle qu'au
dessous de — 15° 5.

En mer, on rencontre parfois des blocs de glace
d'eau douce. De loin, ils se signalent par leur aspect
noirâtre; mais retirés de l'eau, ils ont une teinte de
belle couleur verte et une transparence parfaite.
Scoresby raconte[1] que les éclats qu'on en peut faire
ne le cèdent pas à cet égard au plus beau cristal et
qu'il a pu allumer du bois, de la poudre et les pipes
des matelots, au moyen des rayons du Soleil, concen-
trés dans la glace comme dans une lentille.

La glace d'eau salée jouit de propriétés physiques
qui dépendent de la quantité de sel qu'elle renferme
Sa dilatabilité en est spécialement modifiée et, comme

1. *An account of the Arctic regions with a History and description of the northern Whalefishery.* 2 vol. in-8°. Londres,
1828.

à la suite des fusions et des regels, le pack polaire
contient côte à côte des parties de glace très inégalement salées, les moindres variations de température
y amènent des tiraillements en rapport avec le coef-
ficient de dilatation cubique en chaque point. De là,
la production de fissures accompagnées de ces bruits
effrayants qu'on ne cesse d'entendre dans les régions
polaires.

C'est dans la mer circumpolaire que la congélation
des eaux marines se produit sur la plus grande échelle.
Il se constitue des calottes de glace qu'on peut
regarder comme formant, par leur ensemble, un
organe essentiel de l'économie planétaire, puisqu'on
le retrouve à la surface de Mars et de Vénus.

Pour ce qui est des calottes terrestres, on est frappé
tout d'abord de l'inégalité de leurs dimensions. On
sait que cette inégalité a été attribuée à l'obliquité
de l'axe de rotation de la terre sur l'écliptique : le
pôle sud est encore plus déshérité des rayons du soleil
que le pôle nord.

Il est impossible de toucher ce sujet sans rappeler
que certains théoriciens ont voulu faire jouer aux
calottes polaires un rôle déterminant dans l'évolution
de la terre. J. Adhémar a publié[1] sous le titre de *Révolutions de la Mer*, un ouvrage qui a fixé l'attention et
donné lieu à de nombreuses discussions. La thèse
défendue est résumée par le sous-titre ajouté à la
deuxième édition du volume : *Déluges périodiques*.
L'auteur commence par remarquer que le fait de la
précession des équinoxes détermine l'inégalité entre

1. *Révolutions de la Mer*, 1 vol. in-8°, 1re édit., Paris, 1842,
2e édit., avec un atlas de 11 planches. Paris, 1860.

la somme des heures de jour et celle des heures de
nuit des deux hémisphères. Cette inégalité produit
une différence dans les températures correspondantes
et c'est à elle qu'on doit attribuer celle des glaces des
deux pôles. Elle a un autre effet encore : elle déplace
nécessairement le centre de gravité du globe, qui quitte
le centre de figure de celui-ci pour se rapprocher progressivement du pôle le plus chargé. Enfin, du déplacement du centre de gravité résulte le déplacement des
eaux liquides de l'océan. Dès lors, toute la surface de
la terre subit les effets d'un cataclysme gigantesque :
toutes les surfaces continentales sont parcourues par
d'immenses lames lancées d'un pôle à l'autre, et le
principal titre de l'ouvrage à aspirer à la considération des géologues, c'était « la preuve décisive » de
cette doctrine des révolutions du globe, dont par
malheur, tout le monde est d'accord aujourd'hui pour
reconnaître l'absolue fausseté. Si les choses s'étaient
passées comme le veut la théorie, le phénomène se
renouvelant alternativement tous les 10500 ans, du
nord au sud et du sud au nord, l'épaisseur de la croûte
terrestre aurait nécessairement conservé quelques
témoignages reconnaissables de cette « périodicité
des grands déluges ». Par exemple, les « terrains »,
admis par Cuvier et définis par Alcide d'Orbigny,
encadrés entre deux révolutions successives, devraient
avoir la même épaisseur et manifester une symétrie
toujours renouvelée. Or, on sait que si deux terrains
successifs semblent nettement distincts en un pays
donné, mutuellement séparés par un coup de rasoir,
selon une expression qui a été si fort à la mode, il se
trouve toujours que dans d'innombrables régions, au

même niveau stratigraphique, les deux termes précédemment définis passent de l'un à l'autre d'une façon si insensible, que toute ligne de démarcation s'y montre absolument artificielle.

Les calottes de glace des deux pôles déterminent des conséquences fort multiples, telles que la distribution de la température dans la mer ; la répartition des diverses densités de l'eau ; la direction et l'intensité de certains courants ; l'extension de nombre de sédiments marins dont la comparaison avec des formations géologiques sera des plus instructives.

Elles n'existaient pas du temps de la mer primitive : nous savons, en effet, que pendant bien longtemps, il régnait vers les pôles une température analogue à celle des régions tropicales actuelles et que si, dans celles-ci, il peut exister des glaciers continentaux, tels que ceux de la Nouvelle-Zélande, l'impossibilité de glaciers descendant jusqu'au niveau de la mer est évidente.

Cette douceur de la température polaire résulte du témoignage, encore une fois décisif, de ce réactif si délicat que constitue l'être vivant, grâce à la découverte de ces flores fossiles de climats chauds. Le Spitzberg a fourni dans plusieurs localités dont le sol est d'âge carbonifère des *Cordaïtes*, des *Sphenophyllum*, des *Asterophyllites*, extrèmement analogues aux formes, datant de la même époque géologique dans le bassin stéphanien du Zambèze. Pour le trias, le cap Thordsen, également au Spitzberg, a fourni, en association intime avec des ammonites de dimensions gigantesques, des fougères en arbre et des cycadées d'apparence tropicale. Encore pendant le crétacé, la

localité qui est devenue le cap Staratchin nourrissait
plusieurs fougères à allure torride, une cycadée (*Cyca-
dites Dicksoni*), la dernière probablement qui ait vécu
en dedans du cercle polaire. La flore tertiaire elle
même, sous le 80ᵉ degré de latitude, comprend des
magnolias, des platanes, des tilleuls, des nénufars.

On peut avoir un aperçu des débuts de la calotte
glaciaire, en observant comment chaque hiver commence la congélation de parties de la mer, fluides
pendant l'été. On constate d'abord que, contrairement à une idée admise longtemps, le voisinage de la
côte n'est aucunement nécessaire à la production de
la glace sur la mer. Au large, par exemple à 80 kilomètres du Spitzberg, par un vent assez violent, il se
fait à la surface de l'eau de petits cristaux qui, en
augmentant, se soudent les uns aux autres, et bientôt
couvrent la mer de glace. La houle et les vagues s'apai-
sent et le navire poursuit sa route au milieu d'une
sorte de bouillie glacée. Au bout d'un certain temps,
le tout se prend et le navire est immobilisé au milieu
d'une immense plaine. Selon Karl Weyprecht, il a
suffi de quelques heures pour emprisonner *Le Teghe-
thoff*, de sinistre mémoire.

C'est ainsi que se constituent les *champs de glace*
qui ne s'élèvent guère que de 1 à 2 mètres au-dessus
de l'eau, mais qui plongent à 6 mètres au-dessous.
Pour un observateur placé au sommet du mât, l
surface s'étend à perte de vue. On en a mesuré de
160 kilomètres sur 80. Nares attribue aux champs
de glace une épaisseur maxima de 25 mètres. Mais
dans la mer paléocrystique, c'est-à-dire là où le *pack*
est permanent, la glace peut atteindre 45 mètres.

C'est que le champ de glace s'épaissit d'année en anné^, par les chutes de neige qui fond et se gèle de façon à faire un recouvrement de glace douce ; en même temps, la glace de mer s'épaissit par-dessous et la croûte peut devenir puissante.

Il y a des champs de glace, dont la surface est si parfaitement plane qu'un carrosse y pourrait rouler sur 160 kilomètres, sans rencontrer le moindre obstacle. Sur les bords, se montrent des irrégularités dues au passage des pièces de glace les unes sur les autres. On les appelle des *hummocks*.

La glace mince plie sous le mouvement de la houle et ne se rompt point. Plus épaisse, elle se brise en morceaux, dont les plus grands mesurent de 70 à 90 mètres de diamètre.

Chaque année, un grand nombre de champs de glace se détruisent par suite de leur entraînement vers les régions chaudes, sous l'influence des courants. Ils constituent par leur mouvement un des plus grands périls des mers polaires. Souvent ils tournent avec une vitesse de plusieurs kilomètres à l'heure et quand une telle masse en heurte une autre, en repos ou en mouvement contraire, elles se brisent avec fracas, et leurs éclats chevauchent les uns sur les autres, composant de vraies chaînes montagneuses. Ils se mettent ensuite à flotter au gré des courants et des vents et disparaissent dans les eaux plus chaudes.

La débâcle est quelquefois très rapide ; mais il y a des régions où elle est bien rare, et Nares pense que certains champs de glace ont de 50 à 500 ans d'âge.

Sous des latitudes plus ou moins élevées, l'eau de la mer se congèle sur le littoral, et offre un intérêt

géologique spécial. Elle a surtout été étudiée au nord
de l'Amérique, au Groënland, au Spitzberg, en Sibérie
·et dans l'Antarctique. On la désigne sous les noms de
pack, déjà employé tout à l'heure, de banquette et de
banquise.

Toute la banquise s'en va parfois à la dérive. Les
mers polaires sont sillonnées de courants qui emportent ainsi d'énormes champs de glace devant lesquels
« tous les navires, dit Nansen [1], parlant de la route du
Détroit de Smith, ont dû s'arrêter et chercher un
refuge sur les côtes ». En 1888, Nansen lui-même et
ses compagnons furent ainsi entraînés malgré eux,
pendant onze jours, du Sermilifjord à Anoritok, à
400 kilomètres de leur point de départ. Mais le cas le
plus frappant et le plus tragique a été celui de la
Jeannette que nous avons cité plus haut [2].

Nous avons vu que dans nombre de baies et de
fjords, la fusion des glaçons détermine la chute sous
l'eau de matériaux tombés à leur surface, par suite
de la désagrégation des falaises.

C'est sous le nom de flœsbergs qu'on désigne les
blocs de glace de mer, flottant comme les icebergs,
mais n'ayant pas une origine continentale.

Sur le littoral, la congélation de l'eau agit comme
cause déterminante de la démolition des roches.
Georges Pouchet a rapporté de Jan Mayen au Muséum
un gros galet ovoïde de lave volcanique bulleuse,
débité par la gelée en rondelles superposées rappelant
les tranches d'un saucisson découpé.

La glace côtière, comme la glace flottante, poussée

1. *Vers le Pôle*, p. 4. 1 vol. in-8°. Paris.
2. *A travers le Groënland*, p. 125, in-8°. Paris, 1891.

par les courants et frottant les côtes, peut réaliser des désagrégations et des usures de roches. Des glaces flottantes, icebergs et flœsbergs, peuvent aussi racler le fond et produire des effets mécaniques variés. Dans des contrées sub-polaires, comme Terre-Neuve et la côte du Labrador, on retrouve la glace côtière, où, malgré ses dimensions réduites, elle exerce encore des actions considérables : le banc de Terre-Neuve paraît être son œuvre, au moins en grande partie.

N'oublions pas que, dans les mers peu salées : la Baltique, les eaux qui baignent le Labrador et la Nouvelle-Écosse, voisines du Saint-Laurent, la mer d'Ochotsk, peut-être parce qu'elle est diluée par les eaux de l'Amour, — on constate la présence de glaces qui reposent sur le fond sous-marin. Cette glace, poreuse, spongieuse, grise et chargée de pierres et de terre, apparaît tout à coup à la surface, venant du fond. On suppose que des portions d'eau, gelées d'abord par la surface dans des localités peu profondes, se sont épaissies progressivement jusqu'au fond submergé. La glace a adhéré fortement au sol, puis elle s'est fondue à la surface et c'est après la production d'une épaisse couche d'eau superficielle que la glace s'est détachée du fond.

Un *calf* (veau) est un glaçon submergé, en tout ou en partie, et adhérant au sol par quelques points. Scoresby en a vu un, recouvert de tant d'eau que le navire pouvait passer sans le toucher : ses deux extrémités se voyaient à droite et à gauche du bâtiment, auquel il faisait courir un danger, dont on a eu des exemples, le glaçon se détachant tout à coup du fond et brisant ou mettant le bateau à sec.

Une partie des glaces qui flottent sur la mer ont une origine continentale. Leur source principale réside dans les glaciers terrestres aboutissant à la mer et desquels nous pouvons rapprocher les fleuves, au moment de leur débâcle. La Seine elle-même gèle quelquefois l'hiver ; mais le phénomène prend une dimension considérable dans beaucoup de régions situées plus au nord. Nordenskjold signale la grande abondance des glaces fluviaires dans la mer de Kara, où les déversent l'Obi et l'Iénisséi. Au Canada, les glaces descendent à la mer par le Saint-Laurent et un ouragan suffit pour les rejeter sur la côte avec les boues, les terres dont elles sont chargées.

Les glaces fluviales apportées dans les mers ont évidemment un très grand intérêt géologique, en charriant des objets continentaux destinés à se précipiter au fond de l'eau, lors de la fusion de leur radeau, et à se mélanger ainsi à des vestiges marins. Il faudra y avoir égard dans l'interprétation de certains gisements fossilifères.

Glaciers aboutissant à la mer. — Les terres montagneuses boréales et australes déversent leurs glaciers directement dans la mer. A l'opposé des glaciers alpins, le ruban glacé ne se prolonge pas en s'atténuant progressivement par suite de sa fusion. Il est brusquement coupé à pic. Chacun des séracs dont il est composé, immergé à son tour dans l'eau, subit de la part de celle-ci l'influence d'une poussée, qui tend à le soulever verticalement et qui détermine une bascule désignée sous le nom de *vélage* dont le résultat doit être l'acquisition d'une position d'équilibre dans laquelle le centre de figure du bloc sera sur la verticale passant par son centre de gravité.

Ces icebergs se sont constitués dans leurs parties inférieures, sous l'immense pression résultant de leur poids et de la poussée de la glace ; aussi les bulles d'air contenues sont prodigieusement comprimées. Si la montagne de glace est retournée, il s'y fait parfois de vraies explosions et le bloc tout entier se pulvérise comme une gigantesque larme batavique. Parfois l'équilibre en est si instable qu'il suffit d'une détonation, ou même d'un cri, pour provoquer des avalanches.

Dans la région du Groënland qui est spécialement connue, la côte est bordée sur toute sa longueur de fronts de glaciers, alternant avec des portions soulevées du rivage. Ces glaciers constituent des émissaires du grand glacier continental (*Inlandsis*) traversé en 1870 par Nordenskjold et dont la superficie est deux fois et demie plus grande que celle de toute la France.

Ces déversoirs qui s'écoulent par les passes coupant le cordon montagneux de la côte, sont innombrables comme les passes elles-mêmes. Helland en a compté 47 dans la seule portion de rivage entre l'île d'Upernivick et le fjord de Kangerdlussuak. A lui seul, le glacier de Humboldt mesure 11 kilomètres de front sur la mer. Sa falaise de glace présente un à-pic de 90 mètres. De la boue, des sables, des terres sont pris dans sa masse. A sa surface, gisent les blocs charriés, éboulés des nunataks, c'est-à-dire des pics rocheux qui le dominent.

Le mouvemement de progression des glaciers groen-

landais est dix ou vingt fois plus rapide que celui
des glaciers alpins : la vitesse de celui de Iakobshavn
est de 19 à 21 mètres par jour.

La boue charriée par les glaciers du Groënland
représente, d'après Helland, de 75 grammes à
2 kgr. 274 par mètre cube de glace. On peut en conclure les gigantesques proportions de sédiments qui,
de ce fait, viennent s'étendre dans la mer.

Il importe d'ajouter qu'une grande partie de ces
matériaux sont emportés par les glaces flottantes
jusqu'aux basses latitudes, où leur fusion est complète,
augmentant prodigieusement l'aire de dispersion des
sédiments glaciaires.

Les icebergs ont fréquemment 6 à 8 kilomètres de
longueur et s'élèvent au-dessus de la mer jusqu'à
120 mètres d'altitude, ce qui leur donne, la partie
émergée ne représentant que le neuvième de la hauteur totale, plus d'un kilomètre d'épaisseur. Aussi
marchent-ils souvent contre le vent, étant entraînés
par quelque courant sous-marin, dans lequel plonge
leur pied.

Les rapports de la mer et des glaciers continentaux
qui poussent leur tête jusque dans ses eaux, ont
donné lieu à l'un des phénomènes géologiques des
plus larges. Il s'agit du « grand phénomène erratique
du nord », considéré d'abord comme la conséquence
d'une époque glaciaire qui, peu avant les temps
actuels, aurait constitué une exception unique dans
toute la série géologique.

La surface de l'Europe du Nord, à l'intérieur d'une
courbe, ayant pour centre le point milieu de la péninsule scandinave et passant par Bréda, Leipzig, Cra-

covie, Moscou, est recouverte de traces ressemblant évidemment à celles qui précèdent la moraine terminale actuelle des glaciers actifs, dans les Alpes, par exemple. On y voit des trainées divergentes de matériaux, contrastant avec la nature du sol qui les supporte et parmi lesquelles se signalent des quartiers de rochers parfois volumineux et dont les caractères pétrographiques permettent de retrouver le lieu d'origine et le point de départ. C'est ainsi qu'aux environs de Berlin, émergent de la plaine horizontale et géologiquement si récente, ici des calcaires marbres fossilifères identiques à ceux qui sont en place dans les assises siluriennes de l'île Gothland, en Baltique ; là, des débris de l'élégante roche connue sous le nom de zyrcosyénite et qui, à n'en pas douter, proviennent des escarpements de Christiania. On en conclut que la cause de dispersion de ces matériaux a irradié des Alpes scandinaves et de Laponie pour les étaler sur toute l'Allemagne du nord et sur la Russie de l'ouest. D'autres preuves sont parfois invoquées, et par exemple, le profil des îles suédoises, raboté et émoussé sur le versant qui regarde le nord, abrupt et anguleux sur le versant opposé.

Les mêmes apparences se retrouvant dans le nord des États-Unis, à l'intérieur d'une courbe qui peut être considérée comme étant sur le prolongement de la précédente, on a émis l'opinion qu'à l'époque quaternaire, d'immenses glaciers, rayonnant du pôle, s'étaient prolongés jusqu'aux limites indiquées et avaient fondu en laissant sur place le témoignage de leur existence.

L'étude impartiale et raisonnée des phénomènes

qui prennent naissance sur le front des glaciers actuels du Groënland nous apprend que, si l'on pouvait dessécher l'Atlantique septentrional, on verrait sur son fond, mais à l'échelle réduite de sa propre largeur, la répétition des détails qui viennent d'être énumérés. D'autre part, les Alpes scandinaves se présentent comme une antique chaîne de montagnes qui, après avoir donné naissance à de grands glaciers, aboutissant au littoral sud de l'*île*, baignée au nord par le détroit qui réunissait la Baltique à la mer Glaciale et dont elle constituait l'arête dominante, abandonnait aux courants de la mer des icebergs qui éparpillaient, où ils finissaient de fondre, les pierres de toutes grosseurs dont ils étaient chargés. Il suffit d'admettre que le bossellement général, qui a séparé la mer Baltique de la mer Glaciale, ait déterminé un déplacement progressif du bassin océanique et, par conséquent, de la zone sur laquelle l'extension des blocs erratiques s'est accomplie par tranches séparées, dont aucune n'a jamais eu d'importance supérieure à celle de la tranche actuellement à l'œuvre, et sans modifier autre chose dans l'activité de la mer que la localité où elle s'est successivement exercée.

L'abondance avec laquelle les glaciers déversent dans la mer les eaux, froides et lourdes, provenant de leur fusion nous fournit une explication de la basse température que présentent les grands fonds sur toutes les latitudes et nous prépare à constater que l'habitat des animaux sous-marins en est très fortement influencé.

QUATRIÈME PARTIE

LES CARACTÈRES CHIMIQUES DE LA MER

CHAPITRE PREMIER

La composition chimique de la mer.

Le rôle incomparablement actif de la mer au point de vue chimique, a son explication dans une propriété générale des corps qu'on a méconnue bien longtemps : il n'y a pas une seule substance qui ne cède à la longue aux entreprises de l'eau et qui, par son moyen, n'entre dans une série de combinaisons et de transformations indéfinies. Bien entendu, nous n'avons aucunement en vue *l'eau pure* : l'eau pure n'existe pas ; c'est une abstraction, au même titre que les conceptions initiales des géomètres.

Par l'intermédiaire des substances dites solubles, et que l'eau naturelle renferme d'une manière constante, elle agit sur bien des corps qui, dans le labo-

ratoire résistent à l'eau distillée et, de proche en
proche, toute la série des matières y passe. Tantôt,
par simple dissolution, c'est-à-dire avec la possibilité de reparaître par évaporation avec les propriétés primitives ; tantôt, par décompositions plus
ou moins partielles, plus ou moins successives, qui
résultent de réactions ayant pour résultat de modifier la constitution du milieu complexe d'où l'on est
parti.

Aussi, la complexité chimique de l'eau de mer est-
elle extrême : la liste des éléments qu'on y rencontre
s'augmente invariablement, comme conséquence de
tout progrès dans les procédés d'analyse.

L'évaporation de l'eau de la mer procure un
salin que tout le monde connaît et qui explique sa
saveur salée et amère. Un litre d'eau de l'Atlantique
donne 36 grammes de *salin*, substance qui est bien
éloignée d'être formée de sel pur. On y trouve en
centièmes :

Sel marin. 78,6
Chlorure de magnésie. 9,6
Sulfate de soude. 6,5
Sulfate de chaux. 3,7
Chlorure de potassium. 1,8
Bromure de potassium. 0,2
Bicarbonate de chaux. 0,1

Ces quantités varient un peu d'une mer à une
autre, et quelquefois notablement, pour des mers
exceptionnelles et de petite dimension. Voici quelques chiffres donnant la salinité de diverses parties
des océans :

	grammes par litre
Mer Rouge.	43
Côte atlantique du Maroc.	38
Méditerranée.	38
Atlantique.	36
Pacifique.	35
Mer des Indes.	35
Cap Farewell.	35
Baie de Baffin.	33
Les Syrtes.	33
Mer Noire.	17
Mer d'Azow.	11
Baltique (Bothnie).	5
Id. à Kronstadt	2
Moyenne.	34.4

On a cherché à évaluer la masse du sel contenu dans la masse totale des océans, et, pour ne pas avoir de chiffres trop énormes, on a pris pour unité le *mille géographique cube*. Le volume total des océans étant supposé égal à 2.500.000 fois cette unité, on trouve que le sel marin représente 3.051, le sulfate de soude 633, les sels de magnésie 441, le carbonate de chaux 109, ce qui fait au total 4.231 milles géographiques cubes. Comme termes de comparaison, il faut dire que le volume de la chaîne des Alpes représente 685 milles géographiques cubes, ce qui fait sensiblement le 1/5 du volume du sel considéré seul.

Il est évident que les matières contenues dans la mer lui sont fournies, pour une part, à l'état de dissolution par les cours d'eau qui y aboutissent.

D'après John Murray, un kilomètre cube d'eau de rivière moyenne renferme en substances dissoutes :

Carbonate de chaux. .	79.644	tonnes de 1.000 kil.
Carbonate de magnésie	27.515	—
Phosphate tricalcique.	710	—
Sulfate de chaux. . .	8.376	—
Sulfate de soude. . .	7.753	—
Sulfate de potasse. . .	4.963	—
Azotate de soude. . .	6.533	—
Chlorure de sodium. .	4.061	—
Chlorure de lithium. .	600	—
Azotate d'ammoniaque	251	—
Silice	18.180	—
Matières organ., etc.	27.000	—
	185.903	

Pour avoir une idée des travaux chimiques qui s'accomplissent dans la mer, passons d'abord une rapide revue des principaux éléments qui y prennent part et, pour plus de clarté, rangeons-les dans l'ordre ordinaire de la classification chimique.

Chlore. — Le chlore, à l'état de chlorure, est un des corps les plus abondants; il est associé à des métaux très variés, sodium, magnésium, potassium, lithium, rubidium, cæsium, etc.

Brome. — Le brome est représenté à raison de 0 gr. 5 de bromure de sodium par litre. Il s'est concentré en diverses localités. La mer Morte, d'après l'analyse de Terreil, en contient jusqu'à 7 grammes. C'est une réserve pour l'avenir.

Iode. — L'iode, bien difficile à déceler directement dans l'eau de la mer, se présente en quantité très notable dans la cendre des varechs. Nous reviendrons, dans la partie biologique de cet ouvrage, sur le pouvoir de la cellule vivante pour concentrer certains principes aux dépens de dissolutions prodigieusement diluées.

Fluor. — Le fluor nous fournit un autre exemple du même fait et il a été décelé par Dana dans la substance des madrépores. Forchhammer en a signalé la présence dans les résidus d'évaporation de 50 litres d'eau puisée dans le Sund, auprès de Copenhague. On le retrouve dans les incrustations de chaudières de bateaux à vapeur. Des os et des dents ramenés des grands fonds par l'expédition du *Challenger* ont donné 0.65, 1.89 et jusqu'à 2.28 % de fluor. Ce fait a paru très remarquable, car les os vivants ne donnent que 0.004 à 0.032 % de fluor, ce qui les distingue des os fossiles qui donnent fréquemment 1.050 %. On s'est demandé si cet enrichissement en fluor ne résulterait pas d'un appauvrissement progressif en calcaire par voie de dissolution. John Murray préfère admettre une réaction lente et continue entre les os submergés et les traces de fluor en dissolution dans la mer[1].

Soufre, Sélénium et Tellure. — Le soufre se révèle par l'odeur d'hydrogène sulfuré qui accompagne la décomposition de tant de produits sous-marins. Il est engagé spécialement dans une série de sulfates qui très facilement cèdent une partie de leur oxygène aux matières organiques avides de se brûler. Le sélénium

1. *Deap seas deposits*, expédition du *Challenger*, p. 275.

l'accompagne souvent et le tellure aussi, dit-on, mais en quantité très faible.

Bore. — Le bore représente une fraction minime, mais sensible, de la cendre obtenue par la combustion de certaines plantes marines, spécialement de *Fucus vesiculosus*, qui est une algue et de *Zostera marina*, qui est une naïadée.

Phosphore. — Pour le phosphore, la richesse en phosphate de chaux des ossements et en général de l'appareil squelettique de tant d'animaux marins, nous dispense d'y insister. Les cendres des végétaux marins sont elles-mêmes très richement pourvues en phosphates variés.

Azote et carbone. — On en dira tout autant pour l'azote, l'élément essentiel de la matière animale et dont l'histoire chimique dans la mer est très compliquée, comme on le verra tout à l'heure. Il est associé au carbone dans la substance organique essentielle de l'eau marine.

Silicium. — Enfin, le silicium, sous forme de silice, fournit à des légions d'êtres, et tout spécialement aux radiolaires, aux diatomées et à certains spongiaires, la charpente fondamentale de leur squelette.

A côté de cette énumération des métalloïdes, deux mots sont nécessaires pour les métaux océaniques.

Potassium et sodium. — Le potassium et le sodium ont été déjà mentionnés à propos des corps auxquels ils sont associés tels que le chlore et le brome.

Argent. — On est plus étonné d'apprendre que les flots renferment de l'argent : il fut découvert par Malagutti et Leblanc dans la charpente de quelques coralliaires, de *Pocillopora alcicornis*, entre autres ; on le rencontre, d'une manière plus évidente encore, à l'état d'argenture, sur le doublage de cuivre, de bâtiments qui ont longtemps navigué.

Calcium. — Le calcium est extrêmement fréquent et nous verrons même qu'il apparaît comme un des instruments qui permettent à la mer d'accomplir sa fonction géologique.

Zinc. — Le zinc est relativement abondant dans la cendre des zostères : 1 pour 30.000.

Plomb, cuivre. — Le plomb l'accompagne, à raison de 1 pour 375.000 et le cuivre, encore plus rare, de 1 pour 500.000.

Or, bismuth. — Mentionnons simplement, pour avoir été découvert par des analyses spécialement précises, l'or et le bismuth.

Fer et métaux congénères. — Enfin, le fer et les métaux de sa famille chimique (chrome, nickel, cobalt et manganèse) se présentent en grande quantité et avec une grande variété de gisements. Le manganèse, à l'état d'oxyde noir constitue des accumulations quelquefois volumineuses, mais très légères et s'écrasant au moindre contact, sur les os tympaniques de cétacés ramenés des grandes profondeurs. Les Anglais les désignent sous le nom de *wad*, qui marque leur ressemblance avec du coton (ouate).

Matière organique. — Parmi les matériaux en dissolution dans l'eau de la mer, on peut désigner sous le nom général de *matière organique*, des associations analogues à celles qu'on trouve dans la constitution des êtres vivants. On admet que toutes les parties de la mer en renferment et qu'elle est spécialement abondante à la surface, où elle représente, pour l'Atlantique nord (parages des Canaries et du Cap-Vert (29 milligr. 8 par litre d'eau. Elle décroît en profondeur, très progressivement, jusqu'à 700 mètres, où elle est représentée par 29 milligr. 2 et sa proportion paraît constante jusqu'au fond. Partout, elle contient de l'azote combiné à du carbone, à de l'hydrogène, à de l'oxygène, à du soufre et fréquemment aussi à du phosphore. Il faudra bien des travaux encore pour préciser les groupements et les associations de ces éléments. Dès maintenant, on a reconnu que l'azote est engagé aux états prédominants d'ammoniaque libre, d'ammoniaque combinée à l'acide nitreux, à l'acide nitrique, à l'acide carbonique et à l'état d'ammoniaque albuminoïde.

L'ammoniaque a été reconnue d'abord par Marchand et dosée par Boussingault. Dieulafait a reconnu que sa proportion est extrêmement variable selon les localités. Comme exemple, il a trouvé par litre à Ismaïlia 0 gr. 204 ; dans la mer Rouge, au cap Guardafui, à l'ile Socotora 0 gr. 176 ; dans le golfe du Bengale 0 gr. 136 et en Cochinchine, 0 gr. 340.

Sans prétendre entrer dans la théorie chimique des réactions qui peuvent se développer entre les divers corps azotés de la mer, on peut remarquer que la décomposition de la matière albuminoïde dégage

d'une part du soufre, qui passe à l'état d'acide sulfurique et d'autre part du phosphore qui devient de
l'hydrogène phosphoré. Ces deux corps agissent surtout comme réducteurs : avec les sulfates, ils feront
des sulfures et avec les phosphates, des phosphures
qui, par oxydation ultérieure, redeviendront sulfates
et phosphates.

L'analyse de certains calcaires marins, spécialement
de marbres noirs des terrains dévonien et carbonifére, a révélé à M. Spring[1] la présence de phosphamine, et il y a là de quoi nous procurer des termes
de comparaison avéc la mer d'aujourd'hui.

Dans cette dernière, on regarde comme probable,
d'après les travaux de Schützenberger[2], qu'il se développe une réaction entre l'albumine et le sulfate de
chaux. Les produits seraient le sulfate d'ammoniaque et le carbonate de chaux. D'autre part, l'albumine donne, par sa décomposition, de l'hydrogène
sulfuré et de l'acide sulfurique, ce dernier, attaquant
le carbonate de chaux, reforme le sulfate du début.
La quantité de carbonate de chaux créée représente
l'excédent de carbonate de chaux formé par le carbonate d'ammoniaque sur celui qui a été changé en
sulfate par l'acide sulfurique, dérivant de la décomposition de l'albumine. En réalité, il y a création de
carbonate de chaux et régénération de sulfate de
chaux et de sulfate d'ammoniaque[3].

On ne peut s'occuper de la matière organique de

1. Spring, *Bull. soc. belge de Géologie, de Paléontologie et d'Hydrologie.*

2. *Dictionnaire de chimie de Wurtz,* 1ᵉʳ supplément, p. 71. 1 vol. Paris, s. d.

3. Thoulet, *l'Océan,* p. 90.

la mer sans évoquer les travaux de putréfaction et de
fermentation qui d'habitude détruisent la matière
morte. C'est un sujet sur lequel nous aurons à revenir
dans la partie biologique de notre programme. Toutefois, il faut remarquer ici que de multiples dispositions naturelles diminuent considérablement la quantité de matière qui peut se décomposer dans l'eau.
La plus grande partie des cadavres animaux est
instantanément dévorée et on constate que l'épuration de la mer peut se réaliser, grâce à la viscosité
de l'eau, due elle-même à l'abondance de la matière
organique dissoute. Rappelons à ce titre, que l'écume
des flots joue un rôle tout à fait direct dans ce phénomène : chaque vésicule de l'écume est comme un
petit laboratoire où est assuré le contact intime de
l'oxygène de l'air avec la substance organique, dont il
détermine ainsi la combustion lente.

Gaz de la mer. — Pour terminer cette revue rapide des éléments chimiques de la mer, il nous reste
à dire quelques mots de corps qu'on désigne couram-
ment sous l'appellation de *gaz de la mer*. C'est un terme
fort inexact, parce qu'il s'agit de gaz en dissolution et
qu'un gaz dissous n'est pas un gaz.

Qu'il y ait constamment dans l'eau de mer des
substances qui s'en dégagent sous forme gazeuse, par
suite d'un échauffement de liquide, ou même d'une
simple diminution de la pression de l'atmosphère
superposée, d'une décomposition de carbonate dissous, ou enfin de la congélation de l'eau contenant une dissolution gazeuse, c'est un fait dont la
vérification est des plus faciles.

Tout d'abord, on y trouve les gaz de l'air. La proportion relative de l'oxygène et de l'azote n'y est cependant pas la même. L'atmosphère renfermant, comme on sait, 21 parties d'oxygène pour 79 parties d'azote, le gaz extrait de la mer dose en moyenne 33,9 d'oxygène et 66,1 d'azote. D'après Buchanan, la proportion d'oxygène dépend de la température et de la pression, pendant que celle de l'azote paraît ne dépendre que de la température. Il résulte du premier de ces faits que l'oxygène est en quantité variable avec la profondeur, d'une façon imprévue. C'est ce que montrent les chiffres suivants :

Brasses : 0   25   50   100 200 300 400 800 au-dessous
                                                    de 800
Oxygène : 33.7 33.4 32 2 30.2 33.4 11.4 11.5 26.6   23.5

L'acide carbonique est constamment présent dans la mer mais sa proportion est très éloignée d'être fixe. En moyenne on dégage de 48 à 50 centimètres cubes de gaz par litre d'eau. La variation dépend de la profondeur et peut-être aussi de la plus ou moins grande abondance de cellules végétales contenues dans le plancton.

Si on veut le chasser de l'eau de la mer, par l'ébullition, on constate que le gaz se dégage d'une façon continue, alors même que tout le liquide étant évaporé, on est arrivé à calciner une masse solide de sel. Cette manière d'être est essentiellement différente de ce qui a lieu avec l'eau douce : dans celle-ci, l'ébullition chasse rapidement tout le gaz carbonique, en donnant lieu à une précipitation de calcaire qui amène un trouble plus ou moins abondant. Traitée de même, l'eau de mer demeure limpide, ce qui tient

peut-être à la présence du chlorure de magnésium ou
à celle des sulfates. A froid, l'eau douce continentale
est acide et contient toujours une proportion considérable d'anhydrite carbonique ; elle dissout mieux
les carbonates que les silicates. L'eau de mer, inver-
sement, dissout mieux les silicates que les carbonates [1].

Si le dosage de l'acide carbonique dans l'eau de
mer a présenté des difficultés, cela tient aussi à ce
qu'il entre à la fois dans la composition des protocar-
bonates et dans celle des bicarbonates. Et, sans qu'il
y paraisse à première vue il s'agit ici de l'une des
plus grandioses manifestations des harmonies géologiques. Nous devons d'ailleurs en remettre la description à un autre moment, car le phénomène est en
relation trop directe avec l'histoire chimique des carbonates de chaux pour que nous la séparions du para-
graphe consacré à ces sels.

Bien que nous ayons mentionné tout à l'heure la
présence de l'hydrogène sulfuré dans la mer, on a
quelquefois défendu l'opinion qu'il n'y constitue
qu'une matière accidentelle. Le chimiste Tornoë a
émis l'avis que si les chimistes ont trouvé de l'hydrogène sulfuré dans l'océan, celui-ci provenait de réductions de sulfates par les matières organiques, en conséquence de réactions développées dans les flacons
depuis la récolte. Cependant, il ne semble pas possible
que, conformément à la théorie exposée tout à l'heure,
de semblables réactions ne se produisent pas dans
le bassin des mers.

D'après Daniell, les eaux de l'Atlantique, sur la

1. Thoulet, *l'Océan*, p. 78.

côte d'Afrique, et jusqu'à 60 milles en mer, depuis 8° lat. N. jusqu'à 8° lat. S., seraient imprégnées d'hydrogène sulfuré. Mais la proportion de ce gaz devient énorme dans la mer Noire, où, au-dessous de 183 mètres de profondeur, et jusqu'à son fond, qui est à 2.166 mètres, la proportion de ce gaz augmente régulièrement de 0,33 cmc, à 6,55 cmc par litre.

CHAPITRE II

Le Sel marin.

L'histoire de la salure de la mer est l'une de celles
où se montrent le plus évidemment les appuis réciproques que peuvent se prêter le spectacle de l'activité actuelle de la planète et l'étude des vestiges,
maintenant fossiles, de son activité passée.

Les dépôts de lagunes, où se réalisent sous nos
yeux les concrétions salines de l'eau séparée du grand
bassin, nous frappent par leur analogie avec les gisements salifères de bien des niveaux sédimentaires dont
l'origine et le mode de formation nous sont ainsi révélés.

Symétriquement, la coupe des gisements anciens
lève pour nous tous les voiles, quant à la disposition
antérieure du sol nécessaire à la constitution de semblables gîtes, que l'examen des productions actuelles
est incapable de nous procurer.

La conclusion de ce double travail est éminemment
remarquable par sa concordance avec le sens général
des comparaisons analogues que nous ont amenés à
faire des chapitres précédents : pendant la succession
des époques stratigraphiques, les choses essentielles,
tout en évoluant, sont restées uniformes.

Grâce à sa grande solubilité, le sel est en circulation particulièrement active. Les eaux continentales, qui peuvent contenir une proportion quelconque de ce composé, tendent à le transporter, de proche en proche, dans la mer, d'où il lui sera difficile de sortir. En effet, l'eau d'évaporation est pratiquement dessalée et la circulation vers la mer est sans retour. Cependant, les embruns, sous l'action de grands vents, donnent à l'air marin sa saveur salée. Et d'un autre côté, les sables poreux du littoral peuvent se pénétrer de sel à des distances plus ou moins grandes. A Delft, l'eau souterraine possède, à 22 mètres de profondeur, la salure de la mer et à Vienkeneep, jusqu'à 60 mètres. Au contraire, à Zoekermeer, dès 50 mètres, l'eau souterraine n'est plus qu'un peu saumâtre. La limite de cette eau salée est d'ailleurs influencée par les oscillations de la mer.

Depuis longtemps on a remarqué l'espèce de conflit, entre l'eau salée souterraine qui tend à envahir le continent et l'eau douce qui s'écoule vers la mer. On désigne sous le nom de *puits à mareyage*, ceux qui manifestent par la différence de leur niveau, mais sans qu'il en résulte de modification de composition chimique, les variations de hauteur de la mer voisine ; de là, nous tirons la notion des particularités de forme des niveaux d'eau douce contenus par exemple dans les dunes de Gascogne : les ondulations de la surface supérieure du niveau aqueux reflètent les inégalités des bourrelets de sable, tout en les atténuant. A la pointe de Graves, les puits ne donnent que de l'eau douce, même s'ils descendent au niveau de la mer moyenne.

En somme, le continent se lave du sel qu'il peut
contenir et s'oppose à l'intrusion de l'eau de mer. Le
même phénomène se montre dans les appendices de
a mer, tels que les grands golfes, dont le lavage est
manifeste. Toute la mer Baltique en est un exemple :
rappelons que tandis que la mer du Nord contient
36 grammes de sel par litre, le golfe de Bothnie n'en
offre plus que 6,29 et le golfe de Finlande, seulement 2.
On a vu aussi que, la Méditerranée, dosant 38, la mer
Noire ne donne que 17 et la mer d'Azof 2. Il y a d'ailleurs un phénomène beaucoup plus restreint, mais
répandu à foison dans certaines régions, telles que le
Pacifique et dont l'éloquence est incomparable, c'est
celui qui se passe dans les lagouns des îles madréporiques. A peine la croissance du madrépore a-t-elle
encerclé l'eau qui reste en communication avec la
mer seulement par un canal, que, sous l'influence de
la pluie, cette eau isolée se dessale parfois plus ou
moins et de façon à ne pas empêcher la constitution
dans le massif calcaire, de niveaux d'eau douce qui
constituent bientôt un réservoir d'alimentation pour les
animaux terrestres et même pour les hommes.

Sur le rivage oriental de la mer Caspienne, on
désigne sous le nom de Karaboghaz (gouffre noir)
une région où se précipite un courant qui y apporte
journellement, à l'état de dissolution, 350.000 tonnes
de sel, c'est-à-dire tout ce que consomme l'empire
russe en six mois. Le courant, alimenté par l'énorme
débit de la Volga, remplace dans le bassin de la Caspienne, de l'eau salée par de l'eau douce, car ce qu'a
englouti le Karaboghaz ne retourne pas en arrière.
Bue par le sable et exposée à la chaleur torride du

désert persique, qui détermine l'appel du courant, l'eau se vaporise et procède à l'élaboration d'un gisement salifère dans des conditions reproduisant, sans doute, celles qui ont déterminé la production de divers dépôts géologiques.

Ajoutons que, d'une manière exceptionnelle, certains bassins marins, se trouvant séparés de la grande mer et, étant en même temps dépourvus de tributaires aqueux, s'évaporent sans compensation, deviennent de plus en plus salés et finissent par donner lieu à un dépôt solide de sel. C'est ce qui est en train de s'accomplir en Arménie, au lac de Van, qui couvre 4.000 kilomètres carrés et dont le salin est extrèmement riche en sulfate de soude; et surtout au lac Asphaltique ou mer Morte, de 1.200 kilomètres carrés et dont le bord laisse voir avec certitude, les traces d'un niveau antérieur de l'eau beaucoup plus élevé que le niveau actuel. Son eau, avec une densité de 1.250, est presque arrivée au terme de la saturation : 67 grammes de salin par litre. Le Grand Lac Salé des États-Unis offre un autre exemple du même fait.

Les marais salants sont un diminutif artificiel de ces dispositions, et leur mention nous amène à constater que, dans plusieurs points du littoral, la nature elle-même procède à la séparation de portions marines qui déposent leur matière saline. Il s'agit des lagunes, qui présentent cet intérêt d'avoir leur correspondant exact dans la série sédimentaire. Leurs caractères sont voisins alors de ceux des estuaires, en ce sens que des vestiges d'origine continentale y sont mélangés à des fossiles marins; mais on y trouve souvent des preuves de la forte concentration des eaux et jusqu'à des traces de l'existence de cristaux de sel marin.

A première vue, cette assertion peut paraître risquée; mais la trouvaille est incontestable, par exemple dans des localités des environs de Paris, d'échantillons, comme il en existe au Muséum, où des trémies de sel gemme ont laissé leurs empreintes, après s'y être constituées, au sein même d'argiles salées.

Ce type de formation nous conduit aux gîtes de sel proprement dits. On sait qu'ils peuvent atteindre des dimensions considérables et alimenter des usines très importantes, de façon à faire une concurrence parfois très sérieuse à l'industrie des marais salants, et que, malgré l'invraisemblance d'une conservation indéfinie du sel dans les entrailles de la terre, au travers de toutes les durées sédimentaires, on trouve des salines de tous les âges. Il suffira de citer tout d'abord certains amas salifères qui sont subordonnés aux assises tertiaires, comme à Wielickzka, en Pologne et à Cadorna en Espagne; d'autres, sont jurassiques, comme à Salies-de-Béarn et à Salins. Le trias et spécialement, les marnes irisées, en fournit dans toute notre Lorraine : à Vic, à Dieuze, à Varangéville-Saint-Nicolas. Les mines de Stassfurth et d'Anhalt, en Allemagne, sont ouvertes en plein terrain permien. Enfin, celles de Salina, aux États-Unis, sont subordonnées au silurien.

Partout, la roche saline a été préservée de la dissolution par un épais revêtement d'argile, qui n'est cependant pas complètement imperméable, ainsi que le prouvent les suintements salés parvenant à la surface du sol dans tous les pays salifères.

La lumière qu'on peut attendre de l'étude de ces gisements, pour refaire l'histoire chimique de la mer dans tous les âges, n'est pas aussi facile à interpréter qu'on pourrait le croire *a priori*. Cependant, il est fréquent de constater, dans l'ordonnance générale des superpositions sédimentaires, une reproduction de l'ordre renversé des solubilités relatives. A Stassfurth, par exemple, la zone inférieure est constituée par du gypse qui représente le vrai piédestal du massif de sel gemme, et celui-ci est couronné par un dépôt de composés potassiques et magnésiques, qui rappellent l'ordre des dépôts dans un marais salant artificiel : ici encore, le fond du bassin est chargé de gypse et l'*eau-mère*, que l'on rejette après la cristallisation du sel gemme, aurait fourni, si on l'eût laissée s'évaporer, les correspondants des sels supérieurs du gisement allemand. De là, il est tentant de conclure qu'il s'agit de l'évaporation, durant les temps permiens, d'un bassin océanique construit comme la mer actuelle. Les particularités de l'aspect, le mode de séparation des niveaux superposés et l'état cristallin des matériaux qui les composent ne sauraient constituer des objections bien solides contre cette assimilation, puisque le milieu géologique étant en voie continue de travail intérieur, déterminé avant tout par la rencontre et les réactions mutuelles des liquides d'imprégnation, dont la température a constamment varié avec le temps, on est sûr qu'aux produits purement océaniques du début, se sont associés des résultats dont l'origine était certainement différente. Le départ des uns avec les autres, peut se faire de telle manière que l'on se sente autorisé à conclure à l'intervention

initiale de la mer. C'est un point sur lequel on pourra
revenir.

Il y a lieu d'ajouter une remarque, quant à la salure
fréquente de certains niveaux d'eau, recoupés, à des
profondeurs diverses, par des travaux de mines. On a
quelquefois émis la supposition qu'ils représentent
des échantillons de la mer même, dans laquelle la
sédimentation a eu lieu. Le célèbre torrent d'Anzin,
subordonné aux assises du jurassique supérieur et du
crétacé le plus ancien, a été présenté quelquefois
comme un reste de la mer secondaire. Cette supposition est un contre-coup de l'ancien point de vue, dont
l'inexactitude est si bien démontrée maintenant, « que
les éléments d'une couche donnée sont nécessairement de l'âge de cette couche. »

L'origine des solutions salées qui circulent dans
le sol et qui, en tant de points, viennent sourdre
à la surface, loin de confirmer le point de vue que
nous combattons, lui porte un coup décisif, en se
révélant comme provenant de la dissolution, par les
eaux actuelles, d'amas de sel constitués comme ceux
que nous venons d'énumérer. Les archives de la ville
de Metz contiennent des documents qui démontrent
que c'est en partant des indications fournies par les
sources salées, qu'on est parvenu, par des travaux
souterrains, au contact du sel en roche, dont les
villes de Vic et de Dieuze entre autres ont tiré leur
prospérité.

Les régions salées des « chotts » paraissent devoir
leurs salines au délayage de couches triasiques salifères. En effet, la guirlande des chotts et des lacs
salés qu'on peut suivre dans toute la largeur de l'Al-

gérie, correspond à une zone triasique grossièrement
parallèle à celle qui borde le littoral. Elle commence
à l'ouest, non loin d'Aïn-Sefra par le chott El Charbi
et le chott El Cherqui, près d'Oran, et se continue
par le Khang-el-Melah (département d'Alger) où se
rencontre le célèbre rocher de sel; puis par le chott
El Hodna et le chott Melrhir (département de Cons-
tantine) pour se terminer en Tunisie entre Batna et
Tebessa.

Le sel, rappelé à l'activité géologique, après un
repos relatif qui dure depuis le début des époques
secondaires, représente une quantité gigantesque :
beaucoup de chotts salés sont fort vastes : le Zemal
a 7 kilomètres sur 9; le Guerrhah-el-Marsel, 4 kilomètres sur 3; l'Auk-el-Djemel, 10 kilomètres sur 7;
le Tharf, 18 sur 12, etc. Le lac d'Arseu, étudié par
Bleicher, s'étend sur 1.500 hectares; son eau est fortement salée; en été, elle s'évapore tout à fait; le lac
est alors à l'état de *sebka*, susceptible d'exploitation
régulière et fournissant de 20.000 à 30.000 tonnes.

Il est tout particulièrement intéressant de rappeler
ici que Janssen, qui était d'avis, selon ses propres
expressions, que « l'étude de la constitution du soleil,
éclairera une foule de questions sur celle de notre
propre globe », se flattait d'avoir démontré, par
l'étude de la chromosphère solaire, que « la salure
des océans terrestres s'est faite simultanément avec
la formation de l'eau et non après, par dissolution
des roches » [1].

1. *Association française*, Congrès d'Alger, 1881.

CHAPITRE III

Le Calcaire, la Dolomie et le Gypse de la Mer.

Le calcium, d'après les analyses de Forchammer et de Dittmar, représente de 4 à 5 dix millièmes de la masse totale des océans. Convertie en calcaire, cette quantité donnerait lieu à une couche pouvant couvrir la terre entière avec $1^m,04$ d'épaisseur. Le métal est d'ailleurs engagé dans les combinaisons dont les principales sont le bicarbonate, le sulfate et des phosphates simples ou complexes.

Unie à l'acide carbonique, la chaux se présente simultanément sous deux formes, dont la coexistence est des plus intéressantes. Le bicarbonate est essentiellement soluble dans l'eau; le protocarbonate, au contraire, y flotte à l'état de poussière impalpable. Là où l'eau de mer subit une évaporation rapide, comme sur les plages basses de régions chaudes ou de pays balayés par des vents secs, le protocarbonate se précipite sous forme de matière cristalline qui cimente, avec une extrême rapidité, les sables du littoral. L'exemple typique est fourni par les côtes de la Guadeloupe où l'on peut, pour ainsi dire, suivre de l'œil le passage du sable le plus mobile à la roche de construction : circonstance que les nègres ont naïvement exprimée par la qualification de « maçonne bon Dieu », donnée au merveilleux moellon. On observe le même fait sur les plages soulevées de Cagliari, en Sardaigne, comme sur celles de la Sicile et de la Tunisie. On le retrouve en Danemark, aux environs d'Elseneur.

Le rôle du carbonate de chaux dans la mer a été longtemps méconnu. On l'a regardé comme la matière première qui fournit, à la faune et à la flore marines, les éléments de leur squelette ou de leurs téguments. Non seulement, il a fallu reconnaître que la quantité de calcaire existant dans l'eau est tout à fait insuffisante pour subvenir aux besoins des êtres organisés, mais encore et surtout que l'assimilation directe du calcaire par les organismes est contraire aux réactions normales de la physiologie.

On doit à M. Th. Schlœsing un ensemble de travaux remarquables, qui assignent au calcaire une fonction maîtresse dans le maintien de l'équilibre planétaire et spécialement dans l'économie de l'atmosphère. Dans sa manière de voir, les deux formes d'association de l'acide carbonique avec la chaux représentent les deux parties complémentaires d'un seul et même appareil. L'atmosphère superposée à l'océan étant le siège de réactions innombrables dont les unes sont génératrices et les autres consommatrices de l'acide carbonique mélangé à l'air, la proportion de celui-ci devrait être constamment variable. L'expérience montre au contraire, à la suite de milliers d'analyses, réalisées dans les conditions les plus variées, qu'elle est extraordinairement constante

(3/10.000ᵐ). L'auteur, appliquant les principes de la dissociation, montre qu'à chaque tendance de l'atmosphère à augmenter la tension de son acide carbonique, répond un appétit d'une quantité correspondante du carbonate insoluble en suspension dans la mer, pour absorber le gaz surabondant, qui se dissout à l'état de bicarbonate. La circonstance opposée tend-elle à se manifester? Une proportion rigoureusement réglée de bicarbonate en dissolution abandonne son acide carbonique qui vient combler le déficit, et du protocarbonate se précipite. Nul laboratoire, nulle usine ne peut se vanter de posséder un appareil de régulation plus simplement conçu ni plus précis.

C'est comme un véritable appendice à l'histoire du calcaire, qu'il convient de noter que l'analyse élémentaire de la mer y a montré une notable proportion de magnésium. Malgré l'incertitude qui s'attache à la détermination des sels dissous, on pense qu'une partie en est à l'état de carbonate. L'un des motifs les plus plausibles consiste dans la série intéressante de modifications que subissent, au contact de l'eau de mer, des massifs primitivement calcaires et que l'isomorphisme expliquerait. Quand on compare la composition des parties les plus récentes des massifs madréporiques, à la substance qui constitue comme leur noyau et qui remonte à un certain passé, on remarque toujours que cette substance est si sensiblement magnésifère qu'on peut la considérer comme en marche vers la dolomitisation proprement dite.

La question présente cet intérêt que beaucoup de calcaires marins, des époques géologiques les plus variées, contiennent de la magnésie et que, sans

méconnaître la nécessité d'une dolomitisation progressive des assises anciennes, soumises à la circulation des eaux souterraines, il y a lieu de penser que
la réaction, en cours sous nos yeux, a dû se produire
dans les mers antérieures et apporter sa collaboration au résultat général.

Comme nous l'avons vu, le sulfate de chaux existe
à la dose de 1 gr. 3 par litre dans l'eau de la mer.
C'est un produit de séparation spontanée dans le
sous-sol des marais salants, c'est par conséquent une
source de chaux à la disposition des réactions océaniques, incomparablement plus riche que celle fournie par le carbonate calcique. Les dépôts de tous les
âges montrent que le gypse entre comme élément
très abondant dans les formations d'estuaires et
représente, dans bien des cas, des ensembles stratigraphiques dont certaines portions ont été postérieurement supprimées. Les moulages de trémies que l'on
voit, même autour de Paris, dans certaines marnes
associées à la pierre à plâtre, à Argenteuil, à Romain-
ville, à Bagneux, etc., témoignent du dépôt simultané
du sulfate de chaux et du chlorure de sodium.

Des résultats de laboratoire semblent indiquer que
le sel marin a exercé sur le sulfate de chaux, dès le
moment de son dépôt, une de ces actions mysté-
rieuses, dites « de présence », par nos pères, et que
nous qualifions de minéralisatrices, en raison desquelles, certaines substances voisines, tout en con-
servant l'intégrité de leur composition chimique,
changent de structure et manifestent un état cristallin
des plus accusés. Il est probable que c'est à la pré-

sence du sel, que le gypse des marais salants doit sa
forme cristalline si parfaite. Et l'on peut penser que
c'est encore à lui qu'il faut attribuer l'abondance avec
laquelle se rencontrent, dans les lits de pierre à plâtre
les « pieds-d'alouette », pendant que dans les marnes,
dites d'entre-masses, s'édifiaient ces gigantesques
fers de lance, que les carriers appellent indifférem-
ment « pierres à Jésus » ou « miroirs d'ânes ». A
première vue, on se sent porté à faire de ces cristal-
lisations, un résultat de l'activité des eaux souterraines, réalisé longtemps après la constitution du
massif gypseux et rattachable à la série des phénomènes métamorphiques. Mais les enseignements du
laboratoire font voir que le voisinage de l'eau salée
suffit pour restituer au plâtre gâché et moulé la structure même du gypse saccharoïde, avec lequel on
l'avait fabriqué par cuisson. Malgré de petites différences accessoires, grâce auxquelles le résultat peut
être obtenu en quelques heures, il est bien difficile
de ne pas croire qu'il représente une conséquence de
l'activité cristallogénique de l'eau salée[1].

Avant de quitter les combinaisons sulfureuses,
notons qu'à la suite de réductions, provoquée d'habitude par des substances organiques, du sulfure de
fer se dépose dans la mer actuelle à l'état de véritable
pyrite de fer, analogue de celle des filons. C'est du
moins ce qui résulte de l'observation de John Percy à
l'égard des cristaux d'un jaune d'or, développés dans
une pièce de bois, qui avait servi de quille à un cer-

1. Stanislas Meunier, *Catalogue sommaire, de la Collection
de Géologie expérimentale du Muséum d'Histoire naturelle*,
p. 132. 1 vol. in-8°. Paris, 1907.

tain yacht royal, l'*Osborn* et qui avait séjourné dans un bassin de Portsmouth, au contact simultané de l'eau de mer et de l'eau douce[1]. Cette substance se trouve dans une fissure du bois, sous forme d'un enduit mince, d'une belle couleur jaune et d'un éclat métallique.

1. Cité dans les *Études synthétiques de géologie expérimentale* de M. A. Daubrée, p. 91. 1 vol. in-8°. Paris, 1879.

CHAPITRE IV

Les silicates contemporains de la mer.

Un fait des plus considérables concerne la production dans les mers actuelles, à basse température, et avec une grande rapidité, de différents silicates bien connus dans certaines roches.

Glauconie. — La glauconie ou silicate double d'alumine et de fer, avec magnésie et potasse, a été d'abord signalée à ce titre par les naturalistes du *Challenger.*

Rappelons que la glauconie est une substance verte en cristaux extrêmement petits, groupés volontiers sous forme de granules, et que l'on rencontre en abondance dans de nombreuses formations géologiques, qu'elle a quelquefois même servi à dénommer : d'Archiac distinguait dans la géologie parisienne la glauconie inférieure (ou sables de Bracheux), la glauconie moyenne (ou sables de Cuise), la glauconie supérieure dite aussi glauconie grossière (ou sables de Verneuil). Pendant bien longtemps on a regardé la glauconie comme un produit d'altération de roches cristallines : comme un résidu de l'altération de la chlorite. Mais il n'en est évidemment rien : car les transitions manquent et la glauconie est exclusivement sédimentaire.

Or, des sondages de 200 à 1.800 mètres en mer, ont ramené de très nombreux spécimens de glauconi se présentant en enduits sur des supports variés et moulant, par exemple, avec une exactitude scrupuleuse les loges du test de foraminifères comme *Globigerina*. Le dépôt de ce silicate est donc actuel, sans aucune objection possible.

Après avoir, peut-être un peu à la légère, supposé que la glauconie provient de réactions au nombre desquelles figure la réduction de matériaux ferrugineux par suite de la décomposition de la matière organique des foraminifères — on a cherché à expliquer son gisement en profondeur.

Jusqu'à 200 mètres les phénomènes de flux et de reflux, les courants des grands fleuves, d'autres causes encore empêcheraient le phénomène. D'un autre côté, à 550 mètres toute la matière organique dissoute serait consommée et il n'y aurait plus réduction. Mais de 550 à 1.300 il y aurait sur le fond marin glissement des produits élaborés plus haut : c'est la zone des *boues vertes*. Enfin plus bas, et sans qu'on nous dise pourquoi, l'eau de mer jouirait de propriétés oxydantes et la matière verte deviendrait ocreuse. Il est probable que cette théorie sera revisée.

La rencontre de la glauconie dans les assises sédi mentaires ajoute un terme de plus à la série des analogies chimiques des mers anciennes avec l'océan d'aujourd'hui.

Parmi les horizons les mieux caractérisés à cet

égard, dans le crétacé de la région du Jura, on peut citer le niveau dit hauterivien qui est pénétré de glauconie; dans le gault (albien), les grès à rognon phosphatés de Bellegarde, dans l'Ain, de même que les sables dans lesquels sont noyés les « coquins des Ardennes ». C'est d'une couche essentiellement glauconifère, également albienne, que jaillissent les eaux artésiennes de Grenelle, de Passy et des autres localités parisiennes.

Si l'on admet que la glauconie représente l'activité des mers géologiques, il faut conclure des faits précédents que cette glauconie ne résiste pas indéfiniment aux entreprises des agents souterrains. Après un temps que nous mesurons par l'antiquité des couches néocomiennes (crétacé inférieur), la glauconie disparaît. Nous sommes d'ailleurs édifiés quant à sa fragilité vis-à-vis des agents externes, car bien des sables ocreux, comme il en affleure, par exemple, à Noailles et à Abbecourt (Oise), sont des produits de l'oxydation subaérienne, ou rubéfaction, de la glauconie.

Christianite. — Il est un autre silicate, peut-être plus imprévu encore, dans la série des productions actuelles de la mer. C'est un composé faisant partie de la famille des zéolithes et dont la composition chimique est assez voisine de celle d'un feldspath qui se serait fortement hydraté, mais sans tendre vers l'état d'argile.

On le qualifie de christianite et, quelquefois, de philippsite. La sonde en a rapporté des spécimens dans l'argile rouge du fond des océans, et spécialement dans la région du Pacifique comprise entre Hawaï et Tahiti.

La christianite représente parfois le quart en poids de l'argile rouge; ses cristaux simples ou maclés ne dépassent pas un demi-millimètre de longueur et sont souvent groupés en globules. L'étude du gisement conduit à les regarder comme un produit d'altération sous-marine de poussières volcaniques, peut-être apportées par le vent et qui constituent la formation souvent qualifiée de tuf palagonitique.

CHAPITRE V

Les phénomènes chimiques de l'érosion
des falaises.

En présence de l'extrême complexité chimique de
le mer, nous sommes nécessairement désireux de
reconnaître jusqu'à quel point on pourra invoquer
son activité pour expliquer certains caractères chimiques des terrains sédimentaires. Les faits précédemment résumés ne nous ont pas laissé entrevoir de
contraste manifeste entre l'allure de la mer aux
époques passées et sa manière d'être actuelle. C'est
assez pour que nous puissions supposer qu'il y aura
grande ressemblance, quant à son intervention chimique et que, conformément à des remarques antérieures, nous rencontrerons dans les entrailles de la
terre des produits résultant d'actions en cours dans
la masse de l'océan et dont les circonstances les
plus cachées nous seront, au moins en partie, révélées.

Tout d'abord, l'observation, même superficielle,
nous apprend que l'érosion mécanique des falaises
par la mer, est accompagnée de réactions chimiques
qui ajoutent leur effet au sien.

Par exemple, il semble résulter d'expérie nce

variées que, quand les roches granitiques sont broyées
par le choc du galet, il n'y a pas seulement production d'une poussière renfermant en particules plus
petites les éléments minéralogiques de la roche, mais
que certains de ceux-ci changent de composition. Le
feldspath, silicate double d'alumine et d'alcali, potasse et soude, se changerait en une argile, silicate
hydraté d'aluminium, avec élimination des protoxydes
qui rendrait alcaline la substance de la mer. Daubrée[1]
a publié à cet égard des résultats qui d'ailleurs n'ont
pas été complètement confirmés, et d'où on devait
conclure que la réaction est due à l'acide carbonique
en solution et non au sel marin. Mais si l'alcali n'est
pas mis en liberté dans l'eau, où du feldspath est
simplement pulvérisé, il passe incontestablement à
l'état de ce carbonate pendant que l'argile se produit.

Beaucoup de falaises sont partiellement solubles
dans l'eau. Grâce à l'acide carbonique, dissous dans
celle-ci, le calcaire, transformé en bicarbonate se
dissout et nous avons déjà mentionné quelques-uns
des produits qu'il engendre. Par le même mécanisme,
des grès à ciment calcaire peuvent devenir des sables
d'érosion chimique.

Mais il existe aussi des falaises entièrement solubles
dans l'eau. Il suffira de se rappeler dans le comté
de Sydney, en Nouvelle-Écosse[2], une falaise de
gypse, où la pierre à plâtre est en lits alternatifs avec

1. *Études synthétiques de Géologie expérimentale*, p. 275.
1 vol. in-8°. Paris, 1879.

2. *The Geology of Nova Scotia New Brunswick, and Prince
Edward Islandor Acadian Geology*, par sir William Dawson,
4ᵉ édit., p. 347. 1 vol. in-8°. Londres, 1891.

du calcaire cristallin et représente à lui seul 200 pieds d'épaisseur.

Un autre cas à mentionner est celui où des corps avides d'oxygène peuvent, en se brûlant, déterminer des produits solubles, dont la disparition entraîne la désagrégation des roches littorales.

La marcasite, ou sulfure de fer prismatique, est dans ce cas, et son histoire mériterait quelques détails. Disons seulement qu'au contact de la mer, et malgré la violence du procédé mis en œuvre, le minéral sulfuré se comporte tout autrement qu'en présence de l'humidité pluviaire et donne un résultat imprévu. Tout le monde sait avec quelle rapidité un fragment de ces nodules sphéroïdaux, à structure rayonnée, qu'on recueille dans la craie, se désagrège, même quand on prétend le conserver dans un tiroir sec et parfaitement fermé. On croirait que de semblables fragments, abandonnés au caprice de la vague sur le bord de la mer, vont se pulvériser et disparaître plus rapidement encore. Il n'en est rien.

Au lieu de se transformer entièrement en sulfate de fer, comme dans le premier cas, ils sont le siège d'un travail chimique plus compliqué qui a pour résultat de faire disparaître tout le soufre, à l'état de sulfate aussi nécessairement, mais qui laisse tout le fer. La limonite, c'est-à-dire de fer hydraté, ayant conservé la forme et la cohésion de l'échantillon primitif, on voit des nodules qui sont oxydés sur toute leur périphérie, avec persistance d'un noyau pyriteux, et d'autres, qui sont transformés jusqu'à leur centre.

Parfois, cette réaction peut déterminer des effets

remarquables, au point que le contact de l'eau de mer
peut causer un incendie de la roche même. « Les
falaises de Ballybunion, sur la côte occidentale de
l'Irlande, présentèrent pendant longtemps, dit Élisée Reclus[1], l'aspect d'un rempart de lave fumante.
Ces rochers, que les vagues de l'Atlantique ont percés
de grottes et sculptés en massifs de formes bizarres,
s'étant écroulés un jour sur une grande étendue, les
pyrites de fer, que leurs strates contiennent en forte
proportion, furent exposées à l'action de l'atmosphère
et de l'eau marine. Une oxydation rapide eut lieu et
produisit une chaleur assez intense pour mettre en
feu toute la falaise. Pendant des semaines, les
rochers brûlèrent comme un vaste brasier, et des
masses de vapeur et de fumée s'élevèrent comme des
nuages au-dessus de la haute muraille assiégée par la
houle. Épars autour de l'espace où régna l'incendie,
on voit des amas de scories fondues et des couches
d'argile transformées en briques par la violence du
feu ». Élisée Reclus néglige de dire que la falaise
argileuse renferme des couches de lignite, c'est-à-
dire de combustible.

Un fait symétrique de celui que nous procure la
marcasite concerne les masses de fer natif que Nordenskjold a découvertes dans la falaise d'Ovifak, au
Groënland[1]. Ces blocs, dont nous avons de nombreux
échantillons dans la galerie de géologie du Muséum,
menacent de ne pas se conserver indéfiniment : Il en
exsude sans cesse des goutelettes de chlorure de fer
qui déterminent l'effritement des échantillons. Or,

1. *La Terre*, t. II, p. 193, 2 vol. in-8°. Paris, 1869.
1. Comptes rendus de l'Académie des Sciences, LXXIII. 1268.

dans leur gisement naturel, les masses sont battues sans relâche par les flots d'une mer exceptionnellement mauvaise. Cependant, tout en se couvrant d'une écorce ocracée, évidemment en voie continue quoique fort lente d'épaississement vers le centre, elles conservent leur forme primitive et ne manifestent aucune tendance au morcellement.

Ces observations suffisent pour montrer le caractère particulier des réactions océaniques et pour nous encourager à saisir dans l'avenir toutes les occasions de rechercher la part qui leur revient dans les phénomènes chimiques.

CINQUIEME PARTIE

LES CARACTÈRES BIOLOGIQUES DE LA MER

CHAPITRE PREMIER

Abondance de la vie dans la mer.

La vie dans la mer actuelle. — La mer est vivante. On ne peut prendre un verre d'eau sans y apercevoir, à l'œil nu, à la loupe, au microscope, des légions d'êtres qui y pullullent ; — on ne peut examiner une pincée de la vase ou du sable qui tapissent son fond, sans y rencontrer des témoignages de l'activité biologique sous toutes les formes ; — on ne peut étudier de près un animal ou une plante qu'on en a tirés, sans trouver que cet animal ou cette plante est le support de populations de parasites, les uns externes d'autres internes, qui font de son corps le théâtre de leur existence. Ch. Darwin remarque quelque part que nos forêts terrestres n'abritent pas à beaucoup près autant d'animaux que celles de

l'océan. D'autres auteurs disent que la terre ferme
étant surtout le domaine de la vie végétale, la mer
est surtout celui de la vie animale. Mais on ne peut
s'empêcher de se demander si de semblables distinc-
tions ont un sens général quelconque, et si on ne se
tient pas plus près de la vérité en constatant l'union
intime de toutes les formes de la vie organique qui
en fait un phénomène unique. D'après les études modernes, les différentes catégories d'êtres vivants ne
peuvent se passer les unes des autres pour se manifester. Il y a déjà longtemps qu'on a fait valoir les
balancements et les compensations qui existent entre
les deux règnes et qui rendent impossible la supposition de l'existence de l'un en l'absence de l'autre.
Les progrès de la biologie nous amènent à reconnaître que non seulement il faut un végétal en face
d'un animal pour installer et continuer les cycles de
transformations complémentaires, mais qu'il faut,
avec une égale nécessité, du côté zoologique, comme
du côté botanique, une série d'êtres à toutes sortes de
degrés, depuis les êtres unicellulaires jusqu'aux
formes que nous qualifions de perfectionnées.

Quoique chez les uns comme chez les autres, le
fait de vivre se traduise, selon les vues de Lavoisier, [1]
par l'entretien d'une combustion des organismes, les
animaux se signalent par leur pouvoir surtout oxydant,
tandis que les plantes, grâce à la fonction chlorophyllienne, jouissent d'un pouvoir avant tout réducteur.

Il en résulte que l'apparition de la vie se confond
avec celle de l'apparition simultanée d'une faune et
d'une flore, ou si l'on veut, d'un *biocosme*, qui ne peut

____

1. *Traité de Chimie*, t. II, p. 17. 3 vol. in-8°. Paris, 1801.

assurer l'équilibre qu'à la stricte condition d'être
complet. Dans son mémorable travail sur la *Statique
chimique des êtres organisés*, J.-B. Dumas a insisté
d'une façon magistrale, en dépit d'erreurs qui sont le
reflet de son temps, sur les harmonies présidant aux
relations des deux groupes vivants et qui en font les
collaborateurs d'une œuvre commune : la persistance
de l'équilibre de la terre, par l'association des deux
modes d'action complémentaires l'un de l'autre[1].

On va voir que relativement à la biologie, les périodes antérieures à la nôtre nous apportent les témoignages d'une continuité symétrique de celle qui a
concerné les manifestations inorganiques.

Relativement à l'apparition même de la vie, qui par
définition doit nous échapper, comme toutes les
questions d'origine, il semble illogique de la supposer essentiellement différente de tout ce qui lui a
succédé : quand on entend dire que la vie s'est mani-
festée d'abord « dans un coagulum albuminoïde non
encore organisé », on se demande si, dans cette assertion, il y a autre chose que des mots, s'il faut imaginer une création spéciale pour ce coagulum amorphe,
et s'il n'est pas plus simple d'admettre l'intervention
de la force créatrice, pour établir, d'un seul coup, le
premier biocosme pourvu de ses qualités dynamiques
comme de sa composition matérielle.

En fixant simplement notre attention sur le phénomène actuel, constatons que l'abondance de la vie
sous-marine nous frappe non seulement par la prodigieuse variété des formes, mais aussi par l'innombrable prolification de maintes espèces dont les indi-

1. P. 140. 1 vol. in-8°. Paris, 1835.

vidus serrés les uns contre les autres, font des volumes parfois gigantesques. Prenons un exemple dans les diatomées, algues siliceuses, mobiles comme des infusoires, malgré leur nature végétale, et dont le diamètre moyen est d'un dixième de millimètre, ce qui veut dire qu'il peut en tenir 1.000 individus dans un millimètre cube. Nous savons déjà que sur certaines côtes du Groënland, il y en a une telle profusion que les eaux de la mer en sont teintées d'une couleur brunâtre très accentuée. En outre, elles sont si prolifiques qu'en quatre jours, un seul individu est capable, par cette division de soi-même, qui est la raison étymologique du nom des diatomées, de donner naissance à 140 milliards d'individus qui lui sont identiques. Selon l'estime de Scoresby, les amas de ces algues recouvrent le quart de la surface entière de l'Atlantique nord.

La mer Rouge doit son nom à la couleur que lui communiquent de temps à autre les myriades d'algues oscillariées du genre *Trichodesmium* (*T. Erythreum*) dont le botaniste Montagne disait avoir traversé, au cours de sa navigation, un champ qui ne mesurait pas moins de 475 kilomètres de longueur. Freycinet évaluait à quarante millions, par centimètre, cube le nombre des algues analogues, qui lui avaient donné le même spectacle auprès de Luçon, dans l'archipel des Philippines.

Il y a aussi des animaux microscopiques qui accumulent en beaucoup de points des bassins des mers actuelles, leurs carapaces tantôt calcaires, et il s'agit alors des foraminifères, et tantôt siliceuses comme les frustules des diatomées, et qui sont des radiolaires.

C'est vers 1729 que Beccaria créa une nouvelle branche
de la conchyliologie, par la découverte d'une espèce
qui, malgré ses dimensions microscopiques, présente
l'apparence d'un nautile. Linné en fit même *Nautilus
Beccarii.* On put en compter 1.500 dans deux onces de
sable des marnes marines de l'Italie du Nord.

Dix ans plus tard, G. Bianchi (plus connu sous le
nom de J. Plancus) annonça qu'il avait trouvé sur le
rivage de Rimini, l'analogue vivant de la petite coquille
de Beccari et que ses dimensions étaient telles qu'il
fallait 130 individus pour faire le poids d'un grain.

C'est en reprenant ces indications et en les étendant d'une manière imprévue, qu'Ehrenberg fit ses
observations sur les foraminifères marins et annonça
que, sur le fond océanique, ces animaux sont aussi
nombreux que les diatomées à la surface de l'eau. La
conclusion, qui s'étendit aux radiolaires, contribue à
nous faire voir dans la mer, un milieu où les centres
d'activité biologique, c'est-à-dire les individus animaux ou végétaux, sont aussi nombreux que les éléments inorganiques qui consistent dans l'eau elle-
même et les éléments qui y sont en suspension ou en
dissolution.

Par le temps calme des populations de velelles,
petites hydroméduses siphonophores bleues, couvrent
la mer de leurs voiles latines. Le *National* en a traversé un banc ininterrompu de 260 kilomètres. On a
calculé que dans la zone visible du bord du navire, il
y avait environ 400 millions de ces velelles à la surface. Parmi les poissons, les harengs constituent
normalement, à certaines époques de l'année, des
bancs de 6 kilomètres de large, sur 30 kilomètres de

long, soit 180 kilomètres carrés. La progression dans
l'eau de cette énorme cohorte suivant une direction
unique, développe des effets de lumière désignés
sous le nom d' « éclairs du hareng » et qui guident
la stratégie des 90.000 pêcheurs qui, chaque année,
se livrent à la récolte de ce poisson. La morue, qui
en moyenne pèse 12 kilogrammes, couvre à certains
moments une vaste surface de la mer. La Norvège en
prend 75 millions d'individus par an sur ses seules
côtes et l'on sait que Terre-Neuve et l'Islande sont
les centres des opérations.

Les bancs de sardines changent aussi la couleur de
la mer ; d'après Moquin Tandon, un seul coup de filet
peut en ramener 35.000 individus. En une seule jour-
née, les pêcheurs de Saint-Yves ont pris 245 millions
de sardines. Les itinéraires changent-ils, la pêche
devient mauvaise, entraînant une crise économique.
Dans le Zuyderzée seul, les pêcheurs d'Amsterdam
prennent annuellement 255 millions d'anchois. Les
méduses méritent d'être citées parmi les animaux
flottants qui peuvent constituer de vrais nuages par
leur accumulation. Piazzi-Smith a noté, auprès des
Canaries, un espace de 60 kilomètres carrés qui était
totalement couvert de méduses.

La vie dans les mers fossiles. — Les documents
géologiques s'accordent pour démontrer, dans la mer
de tous les âges, l'abondance de la vie, comme dans
l'océan d'aujourd'hui.

A toutes sortes de niveaux, on a reconnu l'existence de roches composées surtout de tests accumulés
d'êtres microscopiques. Déjà, dès les assises du ter-

rain primaire le plus inférieur (cambrien), on trouve des tests de radiolaires qui présentent une analogie morphologique des plus remarquables avec les formes actuelles, selon M. L. Cayeux, dans la lydienne de Lamballe, en Bretagne. En Russie, le terrain primaire contient sur d'énormes épaisseurs, des accumulations de tests de fusulines, qui démontrent la prodigieuse abondance des protozoaires dans la mer carbonifère. La masse entière du terrain secondaire est elle-même, pour une part, composée de foraminifères dont les milliards d'individus compensent la taille exiguë. Dans le nombre, la craie blanche se signale ainsi que nous l'avons vu, par son analogie maintenant incontestable avec la boue à globigérines de la mer actuelle. Dans le terrain tertiaire, nous pouvons citer les nummulites qui forment, par leur agglomération, toute la chaîne Libyque, le Mont-Perdu, dans les Pyrénées, une grande partie du sous-sol du Sénégal[1] et des quantités d'autres formations. Dans les mêmes niveaux, des couches sont faites des coquilles microscopiques de triloculines, de quinquéloculines et parfois aussi de charpentes d'orbitolites. Dans le terrain miocène de la Bohême, aux environs de Bilin, se présentent des couches de tripoli presque entièrement formées de carapaces d'infusoires. Rappelant exactement les faits procurés tout à l'heure par les sables actuels, un pouce cube de cette substance renferme, d'après les calculs d'Ehrenberg 41 milliards d'individus réunis sans ciment visible.

1. Nous avons eu personnellement l'occasion de signaler le premier la très grande importance des nummulites dans la géologie du Sénégal (B. S. G. F., (4), III, 163 et 290, et VI, 75, (1905 et 1906).

Il en est à peu près de même dans les dépôts de Santa-Fiore, en Toscane, de Pianitz, en Saxe, de l'île Bourbon, etc., et le parallèle se continue pour les accumulations d'animaux plus élevés en organisation. De même que dans les fonds de mer actuelles, absolument dallés de coquilles de mollusques, fixés au rocher, comme les huîtres, ou simplement enfouis dans la vase, comme les mactres et les natices, nous trouvons à tous les niveaux géologiques, soit les bancs d'hippurites des Pyrénées et de la Provence, soit des sables littéralement pétris de coquilles, comme aux environs de Paris à Pierrefonds, à Grignon, à Étampes. En pendant avec les bancs de poissons dont nous avons indiqué les migrations périodiques, nous rencontrons des régions des mers fossiles, où se sont conservées des accumulations de squelettes, comme le Monte-Bolca, les dépôts de Licata, en Sicile, les marnes du bassin d'Aix, en Provence, etc[1]. Le professeur Marsh rapporte qu'il a vu rassemblés en un même gisement dans le crétacé des montagnes Rocheuses 1.400 individus de Mosasaures, gigantesques reptiles pétrifiés.

En face de ces profusions de velelles voyageuses, qui à leur mort laissent nécessairement tomber au fond de la mer leur petit osselet, nous rencontrons dans bien des sédiments secondaires, des amas de bolemnites, c'est-à-dire des osselets internes aussi, mais provenant de mollusques.

Ces exemples, pris au hasard, suffisent pour que

1. Boule, *les Créatures géantes d'autrefois*, p. 15, in-8°. Paris, 1902.

nous n'ayons aucun doute quant à la ressemblance et à l'intensité de la vie organique entre les mers de toutes les époques.

Il en est une autre dont l'éloquence est toute particulière et que prouve le massif coralligène, appareil bien défini, attaché à la réalisation d'une fonction très précise, détail des plus indispensables évidemment du mécanisme océanique. C'est, en même temps, le produit et le moyen d'action d'une collectivité vivante, invraisemblablement compliquée, où des formes animales ou végétales des plus diverses, se rencontrent en collaboration et dont aucune ne peut être supprimée par la pensée, sans mettre en question la persistance de tout l'ensemble.

Le nom qu'on leur donne leur vient de leur apparence première où domine le polype coralligène, de façon à masquer d'abord d'autres éléments. Seulement, il est bien des cas où l'observateur insuffisamment préparé, commet des confusions et prend pour des polypes des êtres tout différents et spécialement des algues, aussi aptes à construire des massifs de calcaire que les polypes eux-mêmes.

L'association de la plante avec la bête reproduit, dans ce milieu spécial qu'est le récif, le trait dominant de l'équilibre biologique de la terre tout entière. Aussi, la retrouvera-t-on dans les vestiges fossilisés des formations coralligènes ou analogues, de tous les âges, et si dans certains cas, le végétal semble fléchir, soyons persuadés que son absence ne reflète pas sa non-collaboration quant à l'origine du dépôt, mais qu'elle tient simplement à ce que les algues ne sont qu'exceptionnellement incrustantes, leur tissu consis.

tant en général en cellules très fragiles que la mort fait
disparaître sans résidu. Notre assurance est appuyée
sur ce fait que, même dans les constructions où les
algues calcaires sont le plus abondantes, les polypes
sont associés de façon intime à des plantes microscopiques qui imprègnent leurs tissus mous et tapissent en particulier leur estomac. Les algues calcaires
abondent néanmoins dans un grand nombre de localités, où elles apportent une collaboration qui se traduit par d'épaisses masses de produits concrétionnés.
Les plus actives appartiennent à la famille des litho-
thamniées, parmi lesquelles se signalent deux
groupes caractérisés chacun par la forme de leur
dépôt. D'un côté, les *Nullipora, Millepora, Melobesia,
Spongites*, sont arborescentes et branchues, justifiant
bien leur qualification de « buisson de pierre ». Les
autres, engendrent des croûtes surtout étendues en
largeur, et ce sont les *Lithophyllum.*

Nous ne pouvons pas penser à énumérer les principaux polypes constructeurs de massifs. Ce qui nous
importe, c'est de constater l'énorme volume de ces
formations biologiques. Sur des centaines de mètres
en tous sens, le fond de la mer est tapissé de calices
juxtaposés de madrépores dont chacun donne naissance à des légions de larves. On a comparé l'aspect
qui en résulte au travers de l'eau calme et limpide,
à des prairies dont chaque brin d'herbe serait un
animal. Ressemblance peut-être un peu resserrée
encore par la présence, sur ces végétations, d'animaux
coralliphages qui les broutent. Dans le nombre se
signalent de très nombreux mollusques dont le type
peut être pris parmi les strombes qui sont des gastéro-

podes et parmi les tridacnes (bénitiers) qui sont des
pélécypodes. On aura une idée saisissante de cette
vie intense, en constatant que de toutes parts, des
êtres, aussi variés que nombreux, attaquent l'édifice
madréporique, pour consommer même sa charpente
qu'on ne qualifie de calcaire que d'une façon inexacte,
sa substance renfermant une forte proportion des
éléments de toute matière animale et constituant,
pour une légion de consommateurs, un aliment très
riche.

On désigne parfois sous le nom, un peu ironique,
de « commensaux des récifs » et de « mangeurs de
sable », à cause des perforations qu'ils réalisent, en
la désagrégeant, dans la matière qu'ils envahissent,
d'innombrables animaux et même des végétaux.
« Parmi les champignons perceurs, dit M. Gravier[1],
il faut citer une saprolégniée, du genre *Achlya*, dont
on reconnaît les ravages jusque dans des coraux
datant du dévonien. » Les *Gomontia* et les *Ostreobium*
sont des algues coralliphages, qui attaquent aussi
fréquemment les coquilles de nos côtes.

Les animaux sont beaucoup plus nombreux. Un
des plus actifs est une éponge du genre *Clïona*, dont
une espèce s'en prend aux huîtres de nos parcs et
leur donne la maladie dite « pain d'épices ».

Les mollusques, comme nous le disions tout à
l'heure, comprennent certaines formes perforantes,
telles que les lithodomes, qui creusent en plein poly-
pier des trous de 12 à 13 millimètres de diamètre et
de 30 centimètres et plus de profondeur. Pour ré-
pondre à ce genre d'attaque, les polypes situés près

1. Loc. cit.

du point occupé, et cependant restés indemnes, bour-
geonnent activement, comme pour envelopper l'être
importun, et même en certains cas, construisent autour de lui une loge qui, en consolidant le tube creusé
par le parasite, s'oppose à ses progrès ultérieurs.

Les annélides tubicoles lancent leurs galeries au
travers des polypiers qui, dans certains cas, en sont
littéralement criblés.

Les holothuries peuvent compter parmi les plus
actifs perceurs de récifs. On est allé jusqu'à les comparer, pour l'activité de leur allure, aux vers de terre
dont Darwin nous a décrit les travaux souterrains
dans un ouvrage justement célèbre[1]. Il estime qu'il
passe annuellement 10 tonnes de terre par acre
(40 ares, 46) à travers le corps des vers de terre qui y
vivent. Stanley Gardiner croit que l'action des organismes mangeurs de sable dans les récifs, est au
moins 50 fois plus forte que celle des lombrics dans
le sol arable. La somme de travail réalisée par les
holothuries est sans doute en rapport avec leur singulière faculté de rejeter une partie de leur intestin,
doué de la faculté de rédintégration, quand il est par
trop encombré de matériaux indigestes. Bien d'autres
êtres prennent part à ces agapes dont les coraux
font les frais : les oursins se signalent au premier
rang et les balanoglosses y font bonne figure. Dans ce
concours d'appétits, les crustacés sont représentés
surtout par des cirrhipèdes, et des bandes de poissons viennent compléter l'armée des dévorateurs.

Parmi les crinoïdes, *Pentacrinus Wyvillei* constitue à lui seul, de gigantesques massifs, par des fonds

1. *Vegetable mould and earth worms*, 1 vol. in-8°. Londres.

de 1.500 à 2.000 mètres, en face de Rochefort et sur les côtes du Maroc. D'autres crinoïdes composent des forêts sous-marines ; citons *Democrinus, Rhizocrinus* et *Bathycrinus,* ce dernier étant le plus abyssal de tous et ayant été recueilli par le *Challenger* à 4.572 mètres de profondeur.

CHAPITRE II

La distribution de la vie dans la mer.

On est à peu près d'accord pour répartir la masse
des êtres vivants dans la mer, en trois zones superposées : le benthon, le necton et le plancton.

Cette répartition, dont nous allons préciser quelques
détails, a pour résultat la mise en œuvre, aussi complète que possible, de toutes les régions de la mer
par l'action biologique. C'est grâce à elle que la vie,
dont nous avons constaté l'exubérance, peut s'attaquer, dans des conditions poussées au maximum de
variété, à des matériaux de toutes origines et procéder à la modification continue de tous les facteurs
purement physiques de l'évolution océanique. Nous
donnerons une description rapide des caractères
essentiels de tous les genres de localités biologiques,
en réunissant, pour chacun d'eux, les documents géologiques aux résultats des observations contemporaines.

En abordant ce sujet, dont la haute portée ne peut
échapper à personne : nous sommes arrêtés par une
première remarque : c'est que l'eau ayant disparu des
gisements fossiles, la localisation en benthon, necton

et plancton, y a été considérablement modifiée. Le
benthon pouvant persister dans ses grandes lignes,
nous devons nous préoccuper de retrouver les traces
des contributions qu'il a dû recevoir à chaque moment
des régions planctonique et nectonique qui lui
étaient superposées. Ces vestiges nous éclaireront, au
moins d'une manière générale, sur la profondeur
relative des mers étudiées.

Quand une coupe géologique nous procure de ces
magnifiques échantillons, tels que la grande plaque
de schiste noir de Boll (Wurtemberg), qui décore l'escalier de la Galerie de Paléontologie au Muséum, et où
nous admirons l'énorme touffe de *Pentacrinus Bria-
reus*, nous sommes bien sûrs, depuis les documents
fournis par les explorations en mer profonde, qu'il y
avait conformité des conditions où ce crinoïde a
vécu, avec les conditions des fonds actuels ; et notre
certitude se complète par la découverte dans la roche
où ce grand organisme est enfoui, de coquilles de
foraminifères.

Benthon. — Par benthon, on entend la masse des
êtres dont l'habitat est lié au fond de la mer, ou bien
parce qu'ils sont inaptes à nager, comme des animaux terrestres sont inaptes à voler dans l'air, c'est-à-
dire dans l'océan gazeux qui les domine ; ou bien,
parce qu'ils sont attachés au fond à la manière des
arbres dont les racines sont engagées dans le sol. De
là, la distinction entre le benthon vagile et le benthon
sessile, qui s'associéra à celle du benthon littoral, par
rapport au benthon de profondeur.

La zone littorale se caractérise avant tout par l'ex-

trême abondance des plantes marines, renfermant un
très petit nombre de phanérogames, tels que *Zostera
marina*, vulgairement crin végétal, de la famille des
naïadées, dans laquelle figurent aussi *Posidonia* et *Phu-
cagrostis* de la Méditerranée ainsi que *Philospadix* des
côtes occidentales de l'Amérique du Nord. Ce sont
des algues qui constituent le fond de la flore littorale.
Innombrables, elles se répartissent en plusieurs tri-
bus, telles que les floridées, de couleur rose ou rou-
geâtre (*Corallina*, *Cerastium*, *Callithamnion*, *Chon-
drus*, *Gigartina*, *Rhodymenia*); les fucacées (*Chorda*,
Laminaria Macrocystis, *Padina*, *Fucus*, *Sargassum*,
Himanthalia); les chlorosporées (*Ulva*). Ces plantes
sont solidement fixées sur les rochers, à l'aide de
crampons qui ont l'apparence de racines, ce qui ne
les empêche pas, par suite de diverses circonstances,
d'être arrachées et rejetées par le flot. Leur rôle principal est d'assurer la respirabilité de l'eau ; elles sont
en outre utilisées, par les animaux du benthon, comme
abri et comme matière alimentaire.

Quant à la faune benthonique du littoral, elle est,
pour ainsi dire, innombrable et comprend parmi les
formes sessiles, qui d'ailleurs en général, ne sont
fixées qu'à l'état adulte et ont commencé leur existence à l'état de larves vagabondes: des mollusques,
pélécipodes pour la plupart, fixés directement au sol
comme les huîtres, ou par l'intermédiaire d'un byssus
comme les moules, ou enfin, enfouis dans la couche
superficielle de vase ou de sables, comme les solens
et les mactres ; des surfaces très larges quelquefois
sont couvertes de crustacés cirrhipèdes, balanes, et
anatifes ou poussepieds, ceux-ci donnant aux rochers

exondés à marée basse, l'aspect de surfaces couvertes de plâtre ou de chaux ; des annélides (serpules) et des bryozoaires (*Escharra*, *Flustra* et *Bugula*) ; des éponges (*Suberites* et *Vioia*) ; des hydraires (*Campanularia*).

Dans ce paysage, circule le benthon vagile, qui se compose surtout d'animaux rampants ou marcheurs, parmi lesquels les mollusques (gastéropodes) et les crustacés sont spécialement abondants. Aux mollusques appartiennent : *Buccinum*, *Fusus*, *Purpura*, *Littorina*, *Patella*, etc. Les crustacés sont surtout les homards, les langoustes, les crevettes, les crabes, les pagures. Il y a aussi à mentionner les étoiles de mer, les oursins (*Strongylocentrotus*, *Asteracanthion*), sans compter des êtres tout à fait microscopiques, comme des infusoires et des foraminifères. Il faut citer aussi les œufs de seiche, attachés aux zostères et que les marins appellent *raisin de mer*. Ils sont noirâtres et leur forme ovoïde comporte un mamelon conique à l'un des pôles, dont l'autre se prolonge en un pédicule terminé par un anneau qui embrasse le crin végétal.

Les naturalistes sont d'accord pour séparer du benthon littoral, l'ensemble des êtres qui vivent dans les grands fonds. Il va sans dire que des transitions rattachent ces deux catégories et Jeffreys a proposé, un peu arbitrairement, de commencer la zone abyssale à 1.000 brasses (1.828 mètres).

On suppose que le benthon abyssal ne jouit que d'une vie passive et sédentaire : les êtres qui le composent sont dans une région de calme ; ils sont fixés au sol ou s'y meuvent paresseusement. En général, les coquillages y sont de petite taille, peu colorés, souvent même à test blanc, translucide et mince. Les formes dominantes sont, parmi les scaphopodes : *Dentalium;* parmi les gastropodes, *Scaphander, Acteon, Pleurotoma, Fusus ;* parmi les pélécypodes, *Arca, Limopsis, Nucula, Leda, Lima, Pecten;* parmi les vers brachiopodes, *Terebratula Wyvillei,* ramenée de 2.500 mètres. Dans la faune thalassique, il faut noter aussi la prépondérance des crustacés: *Nematocarcinus, Pandanus, Pagurus,* etc.

Les crinoïdes fixés constituent un trait des plus remarquables de cette faune. Nous avons vu que ces animaux constituent de véritables forêts dans les fonds océaniques. Il est intéressant de rappeler que le premier échantillon qu'on en ait connu fut un spécimen de *Pentacrinus caput Medusæ,* rapporté en 1755 de la Martinique et décrit par Guettard, sous le nom de « palmier marin », dans les Mémoires de l'Académie des Sciences.

C'est en 1827 que Thomson décrivit le *Pentacrinus europæus,* qui est une comatule, encore à l'état larvaire, c'est-à-dire encore fixée au sol, dont elle se détache en parvenant à l'état adulte. A cet égard, la comatule, dont l'histoire a procuré tant de faits intéressants est une exception, car la plupart des crinoïdes sont fixés au sol, parfois même si solidement, comme c'est le cas pour P. *Wyvillei Thomsoni,* qu'il faut, pour les pêcher, briser leurs cirrhes recourbées qui les fixent dans la pierre, comme feraient des racines.

Dans la mer actuelle, les accumulations de crinoïdes sont associées à des massifs madréporiques qui, on le pense bien, sont parmi les éléments les plus importants de notre benthon.

Ces récifs sont localisés dans une zone limitée au nord et au sud de l'équateur par les isochimènes de 20°, c'est-à-dire comprise dans la région où la mer ne présente, à aucun moment, une température inférieure à $+$ 20°. Ils sont plus avancés vers le nord que vers le sud : on les voit jusqu'aux Bermudes, par 32° 15, tandis que dans l'hémisphère sud ils s'arrêtent à 29° sur la côte ouest de l'Australie. Le fait s'explique de lui-même par l'influence calorifique du Gulf-Stream.

Les récifs au voisinage des côtes, se rapportent à deux types nettement différents, qualifiés, l'un de récif frangeant et l'autre de récif barrière. Dans les deux cas, les organismes constructeurs ne peuvent vivre qu'à des profondeurs qui sont au plus de 37 mètres, et ne peuvent pas davantage habiter la partie superficielle des eaux, où se font sentir les asséchements de la marée, en sorte que la zone active, supportée par le piédestal des débris provenant des anciennes constructions, mortes aujourd'hui, et qui parfois plonge à pic à des profondeurs énormes, est couronnée par une sorte de chapiteau, plage découverte à marée basse, en pente très douce, où, près du flot, se sont triées des poussières très fines, généralement cimentées par du calcaire d'évaporation ; vers le haut de la pente, au contraire, les vagues ont accumulé les matériaux les plus gros qui se sont réunis en conglomérat détritique.

Les récifs frangeants sont comme une espèce de feston, disposé le long du rivage. Quelle que soit son épaisseur, ce feston n'est vivant que par sa face en contact avec la mer. Le bourgeonnement des générations qui se succèdent et dont chacune se développe sur le support procuré par ses ancêtres, s'éloigne de la limite primitive de l'océan et pénètre dans la mer en accroissant la surface continentale. L'exemple typique est fourni par la péninsule de Floride, dont certains auteurs pensent même qu'elle est entièrement l'œuvre des polypiers et de leurs associés. Les récifs frangeants sont importants aussi sur la côte nord de l'île de Cuba, sur la côte nord-est de Madagascar, au fond de la mer Rouge.

Les récifs barrières débutent comme les précédents ; mais les premiers placages madréporiques, au lieu d'accompagner le rivage, manifestent bientôt la tendance à s'en séparer et à se diriger par une ligne plus ou moins droite vers la haute mer. La Nouvelle-Calédonie est, de cette façon, véritablement comprise entre deux alignements parallèles, deux fois plus longs qu'elle-même. Des formations du même genre prennent leur point de départ sur la côte sud-est de la Nouvelle-Guinée ; d'autres, dont le début est sur la côte sud de la même île, traversent le détroit de Torrès et viennent s'étaler le long de la côte de la Nouvelle-Galles du Sud, avec une allure plus ou moins frangeante. Les environs des îles Pelew, les îles Fidji, les îles de la Société (Tahiti), sont également des exemples bien nets de récifs barrières.

Indépendamment de ces deux premières formes de récifs, il s'en présente une troisième, dont la singulari'é a conduit à beaucoup d'hypothèses. Il s'agit des îles-lagunes ou « atolls », expression empruntée à la langue maldive : « Ces anneaux singuliers, dit Darwin, qui élèvent leurs flancs abrupts du sein de l'insondable océan » et qui battus à l'extérieur par des vagues irritées, enfermant un lac à l'eau calme d'une teinte vert-pâle. Comme les deux types précédents, ces constructions s'établissent sur une base littorale. Ils sont tantôt d'une seule pièce, d'ailleurs interrompus sur une partie de son pourtour ; tantôt, et plus souvent, en plusieurs tronçons coordonnés autour d'un même centre de figure. L'atoll Bow, du Bas Archipel ou îles Pomotou, est un exemple du premier cas ; l'atoll Peros Banos, dans l'archipel de Chagos (océan Indien), un exemple du second.

Dans son ouvrage magistral sur *Les Récifs de Corail*[1], Charles Darwin a choisi comme type d'atoll celui de Kelling, situé par 12° 54' de latitude sud et 90° 55' longitude est, en plein océan Indien : nous en résumerons quelques points essentiels. L'auteur eut peine à atteindre la région du corail vivant : il n'y parvint que deux fois, en profitant d'une mer calme et d'une marée très basse. Il trouva que les *Porites* y forment de grands massifs irrégulièrement arrondis, ayant 4 à 8 pieds de largeur et un peu moins d'épaisseur, séparés les uns des autres par des canaux étroits et courbés.

« Dans le massif le plus éloigné, dit-il que je fus capable d'atteindre, en sautant avec l'aide d'une perche... les polypes habitant les cavités étaient tous morts ; mais en descendant de 3 à 4 pouces sur le côté, ils étaient vivants et formaient une bordure saillante, autour de la partie supérieure d'où la vie avait

1. 1 vol. in-8°, avec trois planches hors texte. Paris, 1878.

disparu. Ainsi arrêté dans sa croissance vers le haut, le corail s'étend latéralement, et beaucoup de ses masses, surtout celles qui sont situées à l'intérieur, présentent de larges sommets aplatis et morts. »

Avec les *Porites*, l'atoll Keeling offrait, mais en moindre abondance, *Millepora complanata*, croissant en grosses lames verticales qui, entrecoupées sous des angles variés, constituent une masse circulaire de cellules alvéolaires. Entre ces lames et les anfractuosités du récif vivent une multitude de zoophytes rameux ; mais seuls *Porites* et *Millepora* sont capables de résister à la furie des vagues. La lagune enfermée dans l'atoll est habitée au contraire par des coraux fragiles.

Darwin vit la lagune peu profonde de l'atoll Keeling remplie de bancs de boue et de champs de corail, soit mort, soit vivant. Humide, le sédiment a une apparence crayeuse ; sec, il ressemble à du sable fin. « De larges bancs de nature mollasse, constitués par un limon semblable, se rencontrent sur le rivage sud-est de la lagune et sont le siège d'une puissante végétation de fucus, sur lesquels viennent se repaître des tortues... Dans la partie supérieure sud-est de la lagune, je fus très surpris de rencontrer un champ irrégulier d'au moins un mille d'étendue, de coraux rameux encore debout, mais complètement morts... Ils étaient si désagrégés qu'en essayant de me tenir dessus, je m'enfonçai à mi-jambes, comme à travers des broussailles tombées en pourriture. »

Beaucoup d'assises fossilifères représentent sans nul doute des spécimens de benthon géologique. On en est assuré par la rencontre d'êtres, qui ont vécu, comme les habitants de la surface du sol actuellement submergé. Dans cette direction, les bancs de mollusques dont le type est l'huître, et des bancs d'algues dont le type est le *Lithotamnium* sont décisifs.

Sans énumérer de nouveau les catégories qui composent le benthon sessile et le benthon vagile, nous devons nous borner à constater que les principaux types actuels de cette nombreuse série, sont représentés par des types homologues, qui se sont remplacés au cours des temps.

Sur la surface d'une plage, que vient de quitter la mer descendante, nous voyons des multitudes d'empreintes dues au déplacement des animaux qui courent, qui rampent sur la vase. Il est facile de distinguer la piste des crabes, du double bourrelet laissé par la déambulation de *Trochus*, ou des sillons produits par certains oursins. On voit aussi de tous côtés de petits monticules causés par le passage, sous la surface, d'êtres fouisseurs et des multitudes de perforations résultant du travail des annélides, tels que les arénicoles. Les algues, affaissées sur le sol, et avec elles certains animaux flexibles et fixés comme les campanulaires, ont pris une allure évidemment bien différente de celle qu'ils présentent, quand ils sont baignés dans l'eau.

Or, il se trouve que dans l'épaisseur de la croûte terrestre, des accidents analogues à ceux que nous venons de résumer, évoquent dans l'esprit l'idée de quelque plage fossilisée, dont les modifications inévitables à la suite de l'enfouissement, n'ont pas effacé les caractères distinctifs. A ce titre, une mention est

due aux résultats fournis par l'étude de la côte auprès
de Boulogne-sur-Mer, depuis La Crèche jusqu'à
Châtillon et même jusqu'à Equihen[1].

La falaise, haute seulement de 35 mètres environ,
est constituée par des bancs de grès et de calcaire
plus ou moins gréseux, bleu et roux, alternant avec
des lits plus minces de marnes pétries d'huîtres fossiles
de l'époque portlandienne (bononienne) qui dépend du
jurassique le plus supérieur. A la surface inférieure
des bancs de roche cohérente, on est frappé de rencontrer des quantités de vestiges où l'on reconnaît tout
de suite des traits analogues à ceux du fond de mer
contemporain. Ce sont d'abord de longues traînées
sinueuses se croisant en tous sens et dans lesquelles
on a vu tantôt le produit de fossilisation de tiges et
tantôt de simples traces laissées par le passage d'animaux errants. Il est probable qu'il y en a des deux
origines et il est permis de changer d'avis à leur égard
selon les échantillons que l'on observe, mais il est
bien certain que beaucoup d'entre elles ont avec les
pistes des crabes des ressemblances évidentes. En
tout cas, on voit avec elles des perforations cylindriques qui, sans aucun doute, sont dues à des annélides habitant des sables.

La description de ces accidents conduisent à la conclusion que ces lits de roches sont bien d'anciens fonds
de mer sur lesquels une population benthonique a
vécu.

Malgré l'antiquité des couches jurassiques, nous

1. Stanislas Meunier, *Comptes rendus de l'Académie des
sciences*, CVI, 434.

possédons des notions sur des vestiges benthoniques beaucoup plus anciens encore. Par exemple, dans l'infra-lias de la Lorraine, étudié naguère par Terquem, dans le terrain carbonifère de Yoredale, en Angleterre et surtout dans le silurien inférieur de diverses localités de Bretagne et du Portugal.

A Bagnoles-de-l'Orne, on exploite des grès du niveau dit arénigien, qui sont connus sous le nom de grès à bilobites, à cause de singulières empreintes dont leurs assises sont abondamment surchargées et qui ressemblent intimement, malgré leurs dimensions plus fortes, aux bourrelets entrelacés d'Equihen. Ce sont vraisemblablement des pistes dues au passage des trilobites, ces crustacés qui jouaient dans le benthon primaire un rôle analogue à celui de nos crabes. Avec eux, se montrent de véritables tigillites, c'est-à-dire des perforations perpendiculaires aux couches, dans lesquelles un sable spécial s'est agglutiné en cylindres de grès. Ici encore, par conséquent, c'est un fond de mer, silurien cette fois, où se sont accomplis tous les incidents qu'entraîne avec elle la vie d'un benthon. Et la ressemblance entre les extrèmes de cette longue série nous donne d'avance l'assurance d'une continuité complète. Pour bien l'apprécier, il paraît utile de suivre quelques-unes des formes les mieux caractérisées de la population sous-marine, et la mention des algues fixées au sol nous ayant fourni notre début de la description du benthon actuel, c'est par elle aussi que nous pouvons commencer à présent. Notons que la plupart des algues sont évidemment à ranger parmi les corps les plus difficiles à retrouver à l'état fossile. Nos varechs sont destinés à se décomposer pour la plupart, sans laisser de traces et la rareté des plantes marines fossiles s'explique de même. Cependant, les vestiges les plus fragiles peuvent être conservés exceptionnellement et il suffira, pour que notre but soit atteint, d'en apercevoir aux différents âges de la sédimentation. L'admission de ces témoignages parmi les données scientifiques, n'a pas été sans difficultés. Certains botanistes, tels que Schimper[1] ont émis l'opinion que les traces dont il s'agit ne sont pas d'origine organique. Un savant suédois, Nathorst, a prétendu appuyer cette conclusion d'arguments confirmés par des expériences de laboratoire[2]. D'autres, au contraire, au premier rang desquels G. de Saporta[3] et Marion, ont défendu la nature botanique de ces traces. Le dernier, dans une note insérée par Saporta, dans le mémoire que nous venons de citer (p. 10) a donné à cet égard une appréciation qui mérite d'être citée : « M. Nathorst ne saurait avoir la prétention de faire croire que les mers anciennes dans lesquelles il veut justement faire vivre des invertébrés de tous genres, comme ceux de nos mers actuelles, aient été dénuées d'algues. L'idée serait insoutenable; or, il est constant que si des pistes d'animaux mous, ont pu exceptionnellement ne pas disparaître, il y a beaucoup plus de probabilité à admettre que des algues à tissu résistant aient aussi laissé des traces. »

Dès les niveaux les plus inférieurs de la série stra-

1. Voir t. V de la *Paléontologie* de Zittel, *Végétaux fossiles*, rédigé par Schimper.

2. *Kongl. svenska. Vetensk.* Akad. Handl. XVIII n° 7. Stockholm, 1881.

3. *A propos des algues fossiles.* 1 vol. in-folio. Paris. 1882.

tigraphique, on voit des délinéaments qui rappellent les contours des thalles de fucus, à tel point qu'un niveau du terrain cambrien de la péninsule scandinave a été, en 1854, qualifié par le géologue Angelin, de *Regio fucoïdarum*. C'est aussi dans ce même terrain que Torrel a signalé *Eophyton Linneanum* qui joue dans ce niveau primaire un grand rôle par son abondance, ainsi qu'*Oldhamia radiata* du cambrien des Ardennes.

On a décrit, du terrain primaire de Glanzy, près Vailhan, dans l'Hérault, *Fucoïdes cauda galli* ; du dévonien de l'Amérique du Nord, *Palæochondrites fruticulosus* ; et Saporta, *Palæochondrites Meunieri*, que j'ai eu la satisfaction de recueillir moi-même dans le schiste carbonifère de Châteaulin.

L'oolithe de plusieurs localités a donné des empreintes d'*Itiera*, dont la nature botanique est admise par tout le monde, même par M. Nathorst. C'est dans le corallien de Verdun que se présente *Spherococcites lichenoïdes* Sap. L'infra-lias de la Haute-Marne a donné *Laminarites Lagrangei* et j'ai décrit de mon côté *Laminariopsis Africana*, pour de très curieux échantillons venant du Congo et dont l'âge n'est pas absolument déterminé. Le lias supérieur d'Ohmden (Wurtemberg) renferme *Chondrites bollensis*. Pour le niveau crétacé, on peut citer *Delesseria Reichii* du grès vert de la Saxe, très voisin d'un *Delesseria* qui vit encore dans la Manche. Enfin, pour les niveaux tertiaires, nous nous bornerons à citer *Halymenites Arnaudi* Sap. et Marion, des grès de Bonnieux, près de Manosque.

Dans cette énumération, il est indiqué de mettre

à part les algues incrustantes, c'est-à-dire dont le thalle est chargé d'une quantité considérable de carbonate de chaux. Jouissant, en effet, d'une solidité qui les met à l'abri de beaucoup de causes de destruction, elles nous fournissent un témoignage irrécusable de la place des algues dans l'ensemble benthonique des époques passées.

Déjà on en trouve des traces très nettes dans divers calcaires du terrain carbonifère : mais elles prennent un grand développement dans l'épaisseur du trias et il suffira de rappeler que les gigantesques dolomies du Tyrol sont le produit du métamorphisme de calcaire concrétionné par des *Lithothamnium*. On doit y voir le correspondant exact de ces masses d'origine végétale, que nous avons citées comme un des éléments de beaucoup de massifs madréporiques actuels.

Ces mêmes cryptogames se retrouvent avec une abondance remarquable dans le terrain crétacé. Il existe aux environs de Paris, à Vigny, dans l'Oise, des escarpements de calcaires danien, dont les couches supérieures sont formées, pour les quatre cinquièmes, de vestiges bien reconnaissables d'algues incrustantes.

Beaucoup de formations tertiaires nous offrent des lithotamniées avec des formes qu'il est « à peine possible de distinguer de celles qui vivent aujourd'hui[1] ». Par exemple le calcaire de la Leitha, dit calcaire à nullipores de Vienne, renferme des couches entières presque exclusivement constituées par les concrétions de ces algues. En Algérie, les mêmes conditions se

1. Zittel, *Traité de Paléontologie*, trad. française, V, 37. 5 vol. in-8°, Paris. 1883-1891.

présentent sur une échelle considérable dans le terrain nummulitique et les calcaires lutétiens du Sénégal nous ont fourni à nous-même de nombreux vestiges de mélobésies [1]. L'oligocène d'Algérie contient un intéressant niveau de grès à fucoïdes.

Une autre forme de benthon nettement caractérisé, est celle à laquelle nous pouvons donner comme type le banc d'huîtres. Dans un certain nombre de cas, les coquilles se sont produites et ont grandi au contact d'un rocher, dont elles ont parfois épousé toutes les formes et auxquelles alors elles adhèrent fortement. Plusieurs horizons géologiques nous en fournissent des exemples. On peut citer, dans le tertiaire parisien, les bancs d'*Ostrea longirostris* et surtout d'*O. cyatula*, qui règnent à la base des sables de Fontainebleau et qui affleurent à Pierrefitte, à Fresnes, à Châtillon, dans la Seine. A Meudon, la craie blanche a donné le spectacle d'un vaste banc d'*O. vesicularis* qui s'était cimenté dans la substance d'un niveau de rognons siliceux. Dans le département du Calvados, *O. acuminata* forme un vrai banc subordonné aux argiles si plastiques du Fresne d'Argens, etc.

Une autre manière d'être consiste en coquilles serrées les unes contre les autres, au sein d'une vase ou d'un sable où elles se sont enfoncées à une faible profondeur; cette différence ne suffisant pas à les comprendre dans une autre catégorie que le banc d'huîtres.

Dans le pliocène de Biot (Alpes-Maritimes) se présente le calcaire moellon pétri d'*Ostrea cochlear*. Dans

1. Comptes rendus de l'Académie des Sciences, CXXXVIII, 62. 1904.

le miocène, les faluns de l'Aquitaine sont riches en huîtres et en coquilles analogues comme *Cardita Jouanneti*. La même région possède le calcaire de Blaye qui mérite d'être cité. Il en est de même du calcaire grossier parisien, avec ses *Ostrea flabellula*. Plus bas, se présentent les sables du département de l'Oise (Bracheux) à *O. bellovocensis*. Dans le sénonien de l'Algérie, les marnes à *O. proboscidea*, ainsi que les marnes à oursins, ont également le caractère benthonique très accusé. Le terrain cénomanien des Charentes, de la Provence, d'une partie de l'Espagne, admet des marnes à ostracées où abondent *O. columba* et *O. biauriculata*. *O. aquila* pullule dans le terrain urgonien de la perte du Rhône, de la Savoie et des Alpes vaudoises. Sur le Revard, comme sur le Salève, les couches à *Toxaster complanatus* nous montrent un ban cnéocomien d'*O. Couloni*. Le terrain jurassique n'est pas moins riche que le crétacé, avec *O. virgula* dans le kimméridgien. *Glypticus hiéroglyphicus*, est associé dans le séquanien, avec *O. deltoidea* comme sur nos plages, *Strongylocentrotus* avec *O. edulis*. De même *Trochus* dont nous signalions les pistes particulières donne son cachet aux marnes toarciennes de Pinperdu, près Salins. Un curieux gisement de benthon, laissé par la mer charmoutienne (lias moyen) a été signalé comme remplissage des poches creusées dans le grès silurien de May en Calvados. Le « foie de veau » de la Bourgogne a dan bien des points l'allure d'un benthon sinémurien et les couches à *Avicula contorta* représentent le même faciès pour le terrain rhétien.

C'est en abordant le terrain primaire que nous avons

à substituer aux mollusques des êtres différents comme ayant exactement joué le rôle de ceux que nous venons de citer. Les calcaires à *Productus* du Yorkshire, dépendant du terrain permien, présentent ces caractères, et d'autant plus qu'à leur niveau, *Turbo alterburgensis* caractérise des marnes aux environs de Perm. Les *Productus* donnent le caractère benthonique aux grauwackes carbonifères du Roannais et aux calcaires de Visé (Belgique), tout comme *Spirifer Mosquensis* aux couches du Donetz. Dans le dévonien, le calcaire de Frasne est rempli d'un autre brachiopode, *Rhynchonella cuboïdes*. Et nous pouvons terminer cette longue série, forcément très incomplète, par la mention dans le trémadocien (cambrien) des *Lingula flags* qui sont véritablement des bancs de brachiopodes.

Le benthon géologique admet dans une large mesure la catégorie des formations auxquelles nous avons donné le nom de coralligènes. En les étudiant de près, nous pouvons espérer y observer des détails de structure que la présence de la mer nous interdit dans les localités actuelles. A cet égard, les environs de Dinant, en Belgique, ont acquis une valeur exceptionnelle à la suite des études de Dupont qui, en 1881, en a donné une description détaillée.

Il démontra d'abord l'origine corallienne des calcaires dévoniens de l'Entre-Sambre-et-Meuse. L'année suivante, il décrivit deux groupes d'îles coralliennes, situées dans la même région, autour de Roly et de Philippeville, qui commencent à la fin de l'époque dévonienne et se continuent dans le carbonifère. La disposition de ces îles est remarquable : elles sont

arrondies, parfois tout à fait circulaires, comme
Rond-Tienne, et tranchent nettement par leur nature
calcaire, au milieu des schistes qui sont les boues
argileuses de remplissage. Suivant Dupont, les formations coralligènes de Roly rappellent exactement,
par les conditions de leur groupement, la disposition
des atolls océaniques. Elles peuvent servir de type pour
les formations coralligènes anciennes, comme l'atoll
Keeling est le type des îles madréporiques d'aujour-
d'hui.

L'atoll de Roly se présente sous l'aspect de plusieurs
massifs, — dont deux tout à fait importants, — se
signalent par leur relief sur le sol et par leur végétation forestière. L'un est le bois Cumont et l'autre le
bois Jean-Mouton. Dupont y voit deux anciennes îles
qu'il décrit séparément. L'île du bois Cumont est surtout formée de calcaire gris, souvent transformé en
dolomie, dépendant de l'étage dit de Frasne (dévonien
supérieur ou famennien). Sur son bord sud apparaissent d'innombrables amas d'*Acervularia Goldfusi*
et *Alveolites suborbicularis*. Par places, se montre une
petite zone de *Favosites boloniensis, Alveolites sube-
qualis, Cyathophylum cæspitosum*, serrés les uns
contre les autres, comme le sont les madrépores de
nos îles contemporaines. Ils sont accompagnés de
brachiopodes, *Atrypa reticularis, Merista plebeia*, etc.
Dans l'île du bois Jean-Mouton, le calcaire à stroma-
tophores renferme un banc contenant *Macrochei-
lus*, gastéropode fréquent dans l'étage de Frasne.
Le calcaire à *Pachystroma*, massif et non stratifié,
est localement dolomitisé. Dans le même groupe, des
îlots sont disséminés comme celui de Tienne et ceux

d'Ingremez, qui sont de calcaire bleu grenu, contenant *Fascicularia cæspitosa*, comme polype dominant et *Chonetes armata*, brachiopode caractéristique de l'étage frasnien.

Considéré dans son ensemble, l'archipel de Philippeville voisin de celui de Roly, paraît plus compliqué. Une portion est caractérisée par la faune à *Stryngocephalus Burtini* du givetien (dévonien moyen); elle est constituée par quatre grandes îles qui correspondent à quatre points favorables au développement des polypes. Une autre portion est caractérisée par la faune à *Rhynchonella cuboïdes* du frasnien (dévonien supérieur) et cette formation doit indiquer nécessairement que depuis le début du phénomène, le fond de la mer s'est affaissé graduellement. Dupont exprime quelque part cette pensée que la seule différence sensible entre les atolls dévoniens et les récifs d'aujourd'hui est que ceux-ci, d'ailleurs moins compliqués, paraissent appartenir en entier à une seule époque. Mais, outre que nous savons, en conséquence de nos relations personnelles avec Dupont, qu'il se faisait quant à la délimitation des terrains successifs, une opinion qui n'est plus soutenable, nous connaissons plus d'une localité, où des formations coralligènes actuelles sont établies sur des récifs certainement quaternaires, peut-être parfois même pliocènes qu'ils continuent exactement.

Avant de quitter cette importante région coralligène des environs de Dinant, ajoutons que d'après Dupont, les récifs visibles aux environs d'Anseremme, comme à Waulsort, se continuent sur 60 kilomètres de longueur, en traînées analogues aux récifs frangeants actuels.

D'ailleurs, dans ces localités, aucun indice ne permet d'appuyer la théorie suivant laquelle l'association des édifices biologiques exigerait la collaboration de l'activité volcanique.

Dans le lias, il y a comme une espèce de fléchissement du phénomène coralligène ; mais les formes des polypiers, isolées et peu volumineuses, sont associées à d'énormes massifs d'animaux qui figuraient déjà dans les ensembles antérieurs et qui manifestent ici une importance toute nouvelle. Ce sont les crinoïdes, tels que les pentacrines, qui remplissent de leurs débris des assises entières, de façon à nous faire concevoir l'idée de véritables forêts, vastes et profondes, composées d'organismes branchus de plus de 3 mètres de hauteur, comme en renferme, par exemple, le sol de Boll, en Wurtemberg. A l'abri de ces frondaisons animales, pullulait toute une faune dont chaque type, à première vue, semble représenter un terme de la légion des animaux coralligènes. On ne serait pas étonné de constater que dans ces véritables récifs encrinitiques, tous les produits qu'attend l'équilibre de la nature du jeu des forêts madréporiques, n'aient été réalisés. Nous aurons tout à l'heure un autre exemple de substitution de formes. Arrêtons-nous auparavant à ces énormes dépôts oolithiques dont l'un des traits les plus essentiels dans notre région est d'être coralligènes. C'est au point, comme on le sait, que l'une des divisions du terrain jurassique a longtemps été qualifiée de *terrain corallien*, nom remplacé plus sagement maintenant par celui de séquanien qui n'a rien de compromettant.

On rencontre tout un ensemble compliqué de couches coralligènes subordonnées à diverses parties du terrain oolithique.

A l'étranger, le séquanien renferme par exemple, dans le Yorkshire, dans le Boulonnais et dans les Ardennes, des massifs de 20 mètres d'épaisseur, où les masses arrondies de *Thamnastrea* sont associées à des rameaux encore en place de *Rhabdophyllia* et de débris d'autres polypiers, *Isastrea*, *Thecosmilia*, etc. Au-dessous de l'oxfordien de Villers (Calvados), ou du callovien du Jura et des Vosges, vraiment pétris d'osselets de pentacrines, le bathonien se signale par son allure coralligène et parmi les localités les plus riches, on peut citer : Ranville, près de Caen, dont les couches s'épaississent jusqu'à atteindre 30 mètres, près de Langrune ; Toul, Chemery, Boulzicourt (Moselle), où des assises de coraux ont 50 à 60 mètres d'épaisseur; enfin, le bajocien, c'est-à-dire la base du terrain oolithique qui est à l'état de récifs en Franche-Comté, dans les Vosges et dans une partie de l'Angleterre où abondent les nullipores.

L'horizon kiméridgien, est célèbre par la magnifique conservation de tout un archipel récifal, qui a été décrit dans tous ses détails, à Valfin aux environs de Saint-Claude, dans le Jura. Les innombrables fossiles qu'on en retire remettent sous nos yeux, avec une éloquence spéciale, l'exubérance de vie, et les principales séries de symbioses, de commensalismes, et de parasitismes que nous signalions tout à l'heure.

Ce qui frappe d'abord, c'est une assise de deux mètres remplie de gros polypiers (*Pachygyra Cotteaui, Stylina Girodi, Heliocænia Humberti, Thamnastrea, Thecosmilia*), et ceci est déjà suffisant pour caractériser un récif. Mais les couches voisines complètent la ressemblance en compliquant la faune, à l'aide 'animaux essentiellement coralligènes, comme les dicérates (*Plesiodiceras Valfinense, P. Munsteri, Heterodiceras Luci*); les nérinées (*Nerinea Mandelslohi, Itiera Cabaneti*) de nombreux oursins (*Acrocidaris nobilis, Hemicidaris*), des turbos et d'autres gastéropodes; et puis, par la présence de calcaires crayeux blancs, comblant les vides, entre les rameaux des madrépores, cimentant les blocs dans lesquels les roches voisines sont souvent réduites et présentant à plusieurs niveaux, la structure oolithique, si fréquente dans les boues des atolls modernes. Le récif de Valfin est sur le prolongement de couches fort analogues, qui affleurent sur la route de Morez. A La Rixouse et à Oyonnax, on retrouve les niveaux oolithiques que nous venons de mentionner.

Au Bec de l'Échaillon, près de Grenoble, comme au Mont-du-Chat, près d'Aix-les-Bains et au Salève, en Haute-Savoie, des récifs de polypiers affectent la même manière d'être.

Dans le terrain crétacé, on trouve beaucoup de polypiers et avec eux nombre de bryozoaires. Cette abondance concerne d'ailleurs surtout les zones supérieures du terrain et avant tout, le terrain danien. Déjà nous avons cité le gisement de Vigny, dans l'Oise, pour son faciès coralligène et les polypiers remplissant le calcaire de Faxoë, en Danemark et celui d'Annetorp, en Scandinavie. Mais il en va tout autrement dans la plus grande partie de l'épaisseur du massif crétacé. Le faciès coralligène ne va pas nous manquer; bien au contraire, mais il est réalisé presque sans polypiers. Cette fois, ce sont des mollusques pélécypodes, dont le type n'a eu qu'une existence éphémère et que l'on désigne sous le nom général de rudistes, qui font la charpente d'édifices biologiques centres d'attraction pour un grand concours de formes diverses et dont le rôle, autant par sa masse que par sa qualité, correspond à celui des récifs.

Le type de ces animaux, auxquels les zoologistes attribuent quelque ressemblance avec les chames, est fourni par le genre hippurite. Ce sont des coquilles à deux valves, dont l'une est un cornet qui peut atteindre deux à trois décimètres de longueur et l'autre, un couvercle, qui s'adapte à la partie supérieure du cornet, dont l'extrémité atténuée est soudée au fond de la mer, à la manière d'une coquille d'huître. Bien différents de la plupart des pélécypodes, ces animaux ne possèdent pas de charnière, quoiqu'ils aient des dents et des dépressions qui assurent la solidité de la fermeture. Depuis l'albien jusqu'à la limite supérieure du terrain crétacé, les formes de rudistes se succèdent : *Toucasia, Caprotina, Radiolites, Caprina, Caprinula, Sauvagesia, Sphérilites, Biradiolites, Hippurites*, etc. En certaines localités, des coupes favorables mettent sous les yeux des accumulations énormes de ces fossiles. L'une des plus pittoresques est procurée par la Montagne des Cornes, sur le littoral de l'étang de Berre, en Provence. Il en existe aussi dans les Charentes, en Catalogne et bien ailleurs.

Enfin, le terrain tertiaire, que tant de caractères rattachent à la période actuelle, étale sous nos yeux des formations coralligènes aussi nombreuses que ressemblantes aux récifs de l'époque présente. L'une des plus célèbres est à Castel-Gomberto, dans le Vicentin. Dans les Bouches-du-Rhône, Sausset exploite un calcaire récifal à bryozoaires, dont l'analogue est à Autignac, dans l'Hérault. Les zones les plus récentes du tertiaire sont, dans une partie des monts Péloritains, riches en polypiers, qui viennent se souder intimement à la formation des plages soulevées de Messine et de Reggio, en Calabre.

On doit nécessairement attribuer au benthon, la grande majorité de ces beaux fossiles qui ont été en quelque sorte les rois des anciennes mers : les trilobites, dont le corps est partagé en trois lobes par des sillons longitudinaux marqués plus ou moins profondément sur la tête, le thorax et le pygidium. Ce sont les plus anciens crustacés et même les membres les plus marquants des faunes primordiales, puisqu'ils commencent dans le cambrien, pour régner dans le silurien et s'éteindre à peu près avec la période primaire (*Phillipsia* du Permien). « Les couches fossilifères les plus anciennes que l'on connaisse, dit Zittel[1], contiennent le plus d'espèces animales et végétales réunies ; il faut leur rapporter les deux tiers des espèces connues de ces époques reculées. » Ils ont été très étudiés et sont très bien connus, car ils ont laissé des restes admirablement conservés, soit avec le test même, soit à l'état de moule ou d'empreinte. Brongniart et Barrande en ont donné des descriptions magistrales. Environ 1.700 espèces ont été réparties en plusieurs familles dont les genres les plus importants sont *Agnostus*, répandu à foison dans les schistes

1. Loc. cit., t. II, p. 623.

bitumineux à *Olenus* de Scanie; *Trinucleus* dont Barrande a décrit les larves (silurien inférieur de Bohême, d'Angleterre, de Scandinavie, de Bretagne, etc.); *Ampyx*, qui n'a pas d'yeux, non plus que *Dionide*, tous deux dans le silurien inférieur des pays déjà cités; *Olenus* du cambrien (schistes à Olenus de Scanie); *Paradoxides* très nombreux dans le cambrien de Bohême, de Scandinavie, la Grande-Bretagne, de l'Amérique du Nord; *Hydrocephalus* dont la tête est aussi longue que le reste du corps (cambrien de Bohême); *Remopleurides* (silurien inférieur d'Irlande, de Suède, de Bohême, de l'Amérique du Nord; *Conocephalites*, qui compte une centaine d'espèces et abonde dans le cambrien et le silurien inférieur (Bohême, Scandinavie, Grande-Bretagne, Amérique du Nord, Chine, etc.); *Sao hirsuta*, célèbre par l'étude que Barrande a pu faire de toutes les phases de son développement (abondant dans le cambrien de la Bohême); *Calymene* dont on connaît une soixantaine d'espèces : *C. Blumenbachi* est particulièrement remarquable (silurien supérieur du pays de Galles; *Homalonotus* qui se montre dans le silurien et le dévonien inférieur de la France, de la Belgique, de l'Allemagne, de l'Angleterre, des deux Amériques; *Ogygia*, de très grande taille, avec de nombreuses espèces dans le silurien; de même qu'*Asaphus*, *Illænus*, très abondant surtout dans le silurien inférieur, en Scandinavie et en Russie : environ cent espèces; *Bronteus*, répandu du silurien inférieur au dévonien de l'Eifel, du Harz, etc.; *Phacops*, qui s'étend du silurien inférieur jusqu'au dévonien supérieur; *Cheirurus* qui compte 90 espèces dont les unes commencèrent dans le cambrien et les autres vécurent dans le dévonien moyen; *Staurocephalus* et *Amphion*, tous deux du silurien inférieur; *Cybele* (silurien inférieur de Russie, etc.; *Acidaspis*, avec beaucoup d'espèces, l'apogée dans le silurien supérieur et l'extinction dans le dévonien; *Lychas*, silurien inférieur (États-Unis), *Arethusina*, *Prœtus*, etc.

Necton. — Le necton est la réunion des animaux qui nagent librement dans la mer, indépendamment des mouvements ordinaires de l'eau. C'est le domaine de la vie marine active, assez forte pour lutter contre les courants, tout en étant obligée de compter avec eux, quand ils atteignent une certaine intensité.

Tout d'abord, il faut remarquer la liaison, qu'on aurait pu prévoir, entre le necton et le benthon. Quantité d'animaux se comportent à peu près comme les oiseaux à la surface de la terre, c'est-à-dire font alterner la déambulation sur la surface solide du fond avec des envolées dans le fluide superposé. On pêchera tel crustacé à une certaine hauteur au-dessus du fond, dont le gisement ordinaire sera la surface des rochers ou les excavations dont ils sont percés.

Quelques naturalistes ont été jusqu'à nier la réalité du necton, qu'ils rattachent d'une manière intime au plancton. Nous devrons remarquer, en arrivant à ce dernier, à peu près ce qui concerne les rapports du necton avec le benthon : indissolublement liés ensemble, ils représentent cependant des types nettement différents et qu'il y a tout avantage à définir, selon la mesure du possible.

A leur mort, ceux des êtres nectoniques qui n'ont pas été dévorés par les animaux auxquels ils doivent normalement servir de nourriture, abandonnent tout ou partie de leur dépouille à la pesanteur. Ces restes vont donc se mélanger aux éléments du benthon et c'est une circonstance que nous ne devrons pas oublier en recherchant les vestiges de necton fossile. Parfois, le corps mort tout entier est enlisé dans une vase compacte qui en conservera le moulage général : le plus souvent ce seront des os, des dents ou des écailles que leur résistance ou leur nature chimique sauvera de la désorganisation. Il arrivera aussi que l'empoisonnement subit, ou que l'échauffement notable de la mer, par exemple par éruptions de sources thermales ou de gaz délétères, ou d'autres produits volcaniques, exerceront des ravages sur des groupes plus ou moins nombreux d'individus qui, non seulement seront enfouis en masse dans un point déterminé, mais encore dans des conditions antiphysiologiques, défavorables aux entreprises microbiennes de destruction.

Les poissons dominent dans le necton, y manifestant des allures très variées. Tantôt, chaque individu se meut d'une manière indépendante et plus ou moins capricieuse, tantôt, et comme nous l'avons rappelé récemment, des bandes plus ou moins nombreuses et quelquefois très nombreuses, se déplacent avec ensemble dans une direction commune.

D'autres vertébrés font partie du necton : ce sont des mammifères, généralement de grande taille, et qui appartiennent aux trois ordres, des cétacés, comme les baleines et les cachalots, des siréniens, comme les lamantins et des pinnipèdes, comme les phoques et les morses. Il y a aussi des reptiles, mais exclusivement aujourd'hui, de l'ordre des chéloniens, tortue franche, caret, caouane.

Des mollusques se rencontrent dans le necton, et tout d'abord les céphalopodes. Le nautile fait très fréquemment partie du benthon; la tête en bas et la coquille sur le dos, il rampe sur le fond; mais parfois, il se retourne, vide son siphon et les chambres que celui-ci remplissait, acquiert ainsi un poids spécifique plus faible et s'élève dans la masse des eaux. A l'aide de ses tentacules (il y en a jusqu'à 90), il peut nager rapidement. Les seiches (*Sepia*) se déplacent avec une très grande activité, en tenant leur corps horizontal : les nageoires latérales ondulent doucement et l'animal se porte en avant ou en arrière. S'il veut aller vite, ce n'est plus aux nageoires, alors appliquées sous la surface ventrale du sac, qu'il demande sa propulsion, mais à son siphon et il se déplace par réactions d'avant en arrière.

Les calmars (*Loligo*) sont plus vifs encore que les seiches. Selon P. Fischer[1], la natation peu rapide est réalisée par des impulsions alternatives en avant et en arrière, qui font parcourir à l'animal le même espace avec la même vitesse. La natation rapide est toujours rétrograde et les nageoires sont alors appliquées contre la face ventrale du sac. A marée basse, sur nos plages de la Manche et de l'Atlantique, il est très fréquent de voir de petits calmars traverser avec la rapidité de flèches, les flaques d'eau abandonnées par le reflux.

1. *Manuel de Conchyliologie et de Paléontologie conchyliologique*, p. 352, 1 vol. in-8°. Paris, 1887.

Les argonautes, dont la femelle est pourvue d'une nacelle nidamentaire, si élégante, et qui simule si bien une coquille, méritent d'être comptés dans le necton, car ils savent nager très vigoureusement. Parfois cependant, ils vont ramper sur le fond avec une allure benthonique et souvent aussi ils flottent à la surface en ouvrant au vent le voile dont est pourvue une des paires de leurs huit tentacules, et c'est même de là que leur vient leur nom d'argonaute.

Même des pélécypodes nagent à certains moments.

Je n'oublierai jamais l'expression avec laquelle un praticien de la zoologie me racontait les déboires que lui avait valu une tentative de domestication des huîtres perlières. Dans une localité savamment choisie de la mer Rouge, il avait réuni toutes les conditions favorables à la prospérité de la mère perle, dont il avait installé de très nombreux individus. Les choses allaient à merveille; on avait su conjurer plusieurs tentatives d'invasion de parasites redoutables, quand un jour, en venant faire la visite régulière, on vit toutes les pintadines sortir de leur parc en *volant* comme des oiseaux et s'en aller vers une destination inconnue.

Nous devons admettre, dans la série nectonique, jusqu'à des animaux très inférieurs, comme des cœlentérés et spécialement des méduses qui se livrent à de grands voyages rappelant les migrations des poissons. Le spectacle en est remarquable : fortement inclinées sur l'horizon, elles progressent rapidement par la vibration de l'élégante bordure de leur ombrelle.

Il importe de noter que ces remarques acquièrent une portée toute particulière quand il s'agit du necton fossile, qui ne peut être représenté que par des vestiges mélangés à ceux du benthon. Pour les interpréter sûrement, il faut s'inspirer de leur analogie plus ou moins directe avec des êtres actuels et prendre aussi pour guide le principe de la continuité du régime marin et conséquemment de la prééminence de l'allure physiologique des êtres sur leurs ressemblances purement zoologiques.

Les cétacés n'ont apparu qu'à l'époque tertiaire. Le miocène a fourni des restes du *Squalodon*, qui tire son nom de la ressemblance de ses dents avec celles du requin. Après lui, se montre le *Plesiocetus*. Dans les assises des environs de Paris, près de Palaiseau de même que dans les faluns de la Gironde, sont des lamantins *Halitherium* représentés par des crânes, des vertèbres et surtout par de nombreuses côtes très denses. En certaines localités comme à Anvers, on a trouvé en exécutant de très grands travaux de fortifications, des monceaux d'ossements de cétacés marins, dont les plus beaux échantillons ont été montés pour le Musée de Bruxelles.

Ce sont les poissons qui nous offrent, pour le necton des anciennes mers, les restes les plus nombreux et les plus complets, quoiqu'il n'y ait guère plus de 2.500 espèces fossiles, alors que l'on a compté jusqu'à 10.000 espèces de poissons actuels[1]. Rien ne porte cependant à croire que les eaux d'autrefois ont été moins peuplées que celles d'aujourd'hui. Ce sont de véritables amas de poissons qui se trouvent dans de

1. Zittel, *Traité de Paléontologie*, trad. française, t. III, p. 309.

certaines couches schisteuses, argileuses, calcaires marneuses ou siliceuses. Ces couches étaient originairement une fine boue dans laquelle s'ensevelissaient sans choc les cadavres des poissons tués souvent par des accidents locaux. « Dans les roches à grains plus grossiers, il ne s'est le plus souvent conservé que des dents isolées, des os ou des formations dermiques. »

Il y a en outre d'énormes dépôts dans lesquels on ne trouve aucun vestige ichthyologique.

Les plus anciens datent en Europe du silurien supérieur (*bone bed* de Ludlow, île d'Œsel). Ils sont d'ailleurs peu abondants et mal conservés. Mais dans le plus ancien dévonien, l'*Old red* d'Écosse, et des provinces baltiques, c'est une véritable exubérance ; et certaines familles que l'on voit déjà dans le silurien supérieur, atteignent leur maximum dans le dévonien et ne le dépassent pas. Tels sont les ptéraspides, les céphalaspides, les placodermes, poissons cuirassés, de la grande division des ganoïdes. *Pteraspis* a laissé dans l'*Old red sandstone* d'Écosse et dans les schistes ardoisiers du Cornwall, des boucliers d'une longueur de 30 centimètres. Un peu moins grand, *Cephalaspis* se trouve dans le même gisement avec *Pterichthys* très abondant et qu'on rencontre aussi dans le calcaire dévonien de Gerolstein.

Dans les couches carbonifères marines (calcaire carbonifère des Iles Britanniques, de Belgique, de Russie), ce sont les poissons cartilagineux qui dominent, et avec une grande abondance (plus de 300 espèces) ; mais ils n'ont laissé que des dents et des piquants de nageoires. A côté d'eux se distinguent les hétérocerques, c'est-à-dire les poissons dont la nageoire caudale est partagée en deux portions inégales et qui comprennent deux familles, les Paléoniscides (*Rhabdolepis* que l'on trouve en quantité dans les rognons de sphérosidérite du bassin de Saarbruck, *Palæoniscus* des célèbres schistes cuivreux du Mansfeld en Saxe et de Durham en Angleterre qui en sont çà et là comme pétris et dans lesquels quelques-uns ont conservé l'intégrité de leurs formes) et les Platysomides qui, de même que les précédents, vécurent à l'époque permienne.

Le lias de Cucy, dans le Calvados, de Lyme Regis, de Boll, etc., est remarquablement riche en échantillons bien conservés : *Lepidotus gigas, L. dentatus, L. semiserrata.*

Les niveaux oolithiques comprennent des gisements parmi lesquels nous nous bornerons à mentionner celui du calcaire lithographique de Solenhofen et d'Eichstadt (Bavière) et celui du même âge qui affleure à Cerin dans le département de l'Ain.

Mais les gisements qui intéressent le plus par leur abondance les chercheurs de fossiles, se trouvent dans des terrains plus récents. Les couches néocomiennes supérieures de la Haute-Veveyse, du canton de Fribourg, des Voirons, dans le Chablais, de la Tolfa, non loin de Civita-Vecchia, sont pleins de restes de poissons, dont *Lepidotus*, le genre le plus répandu, compte depuis le trias de nombreuses espèces, les unes représentées par des écailles, les autres par des dents.

C'est au sénonien que se rattachent les gisement de Sahel Alma et de Hackel (Liban) d'où provenaien vraisemblablement les spécimens soumis à saint Louis et que nous avons mentionnés.

Les couches de l'éocène sont plus riches encore que celles du secondaire supérieur. Elles fournissent dans le sud de l'Angleterre et notamment à l'embouchure de la Tamise, une centaine d'espèces. A Glaris, en Suisse, les argiles éocènes renferment des squelettes de poissons ; ils font bien ressortir l'âge de la roche qui les contient et qui a, grâce au métamorphisme, tous les traits de composition et d'aspect des ardoises siluriennes d'Angers.

Le gisement éocène le plus important est celui du Monte Bolca, dans le Vicentin : il se compose de calcaire en plaquettes dans lesquelles on a compté 94 genres et 170 espèces. Lors de la campagne d'Italie, Bonaparte en réquisitionna des échantillons dans les collections, de même qu'il saisissait des tableaux et des statues pour les envoyer au Louvre. A peu près du même âge que le Monte Bolca, le calcaire de Puteaux offre au géologue les couches à *Hemirhynchus Deshayesi*. A un niveau un peu plus récent, dans le bassin saumâtre d'Aix-en-Provence, se rencontrent ces myriades de tout petits *Lebias cephalotes*, que l'on a qualifiés de « friture fossile ». C'est aussi dans l'oligocène que se présentent dans la Haute-Alsace, à Belfort et dans le Jura bernois, les schistes à *Meletta*, poissons si voisins de nos harengs. Enfin, les grès burdigaliens, de la perte du Rhône et de Fribourg, renferment d'innombrables dents de requin (*Lamma*) dont nous aurions pu citer des gisements un peu plus anciens dans le calcaire glauconifère des environs de Paris et dans les sables yprésiens de Pierrefonds, dans l'Oise.

Les anciennes mers ont nourri des batraciens, parmi lesquels il faut citer des stégocéphales, *Archegosaurus*, trouvés dans les rognons de sphérosidérite de Lebach, près de Saarbruck et *Stereorachis dominans* dans le permien d'Igornay, près Autun.

Comme reptiles, tout le monde connaît les Ichtyosaures, dont Cuvier[1] a dit : « Ils ont le museau d'un dauphin, les dents d'un crocodile, la tête et le sternum d'un lézard, les nageoires d'une baleine et les vertèbres d'un poisson », et les plésiosaures au cou de cygne, se composant toutefois chez certaines espèces de 41 vertèbres. Quelques ichthyosaures atteignent 9 mètres de longueur et même *I. trigonodon* en avait jusqu'à 12; on en connaît un crâne de 2 mètres de long. C'étaient de gros mangeurs, à en juger d'après leur vaste gueule, leurs fortes dents pointues et aussi par leurs coprolithes contenant les vestiges d'une copieuse nourriture.

Comme les cétacés, ils avaient la respiration pulmonaire et étaient vivipares. Ils comptent de nombreuses espèces, dont les plus anciennes se montrent dans le trias. On trouve dans le lias de Lyme Regis des squelettes, admirablement conservés. Les schistes bitumineux à Posidonomyes du lias supérieur de Souabe et de Franconie sont d'une abondance extrême en débris d'ichtyosaures. « Dans les environs de Boll, dit Zittel[2], des squelettes aplatis se trouvent en si grande abondance dans le schiste noir, que leur extraction rapporte aux possesseurs de carrières un

---

1. *Recherches sur les ossements fossiles*, 3e édit. 1 vol. Paris, 1825.

2. *Traité de Paléontologie*, II, 450.

bénéfice accessoire très fructueux... L'état de conservation n'approche pas de celui des gîtes anglais, à cause de la forte compression subie par les squelettes, qui notamment rend très difficile le déchiffrement des os du crâne, le plus souvent dérangés et écrasés. En revanche, d'ailleurs, toutes les parties du corps sont restées dans leurs connexions naturelles. »

Les plésiosaures vivaient en même temps que les ichthyosaures. Les plus anciennes espèces sont du rhétien d'Angleterre et d'Autun. Moins puissant que l'Ichthyosaure, moins grand aussi, quoique avec la taille respectable chez certaines espèces de 5 mètres de long, il avait une tête très petite, un tronc très court, enchâssé dans une carapace, ce qui l'a fait comparer « à un serpent passé au travers du corps d'une tortue ». C'est surtout pendant l'époque du lias que l'ichthyosaure a vécu, mais on en trouve encore des restes dans le jurassique supérieur. Le groupe des plésiosaures aurait duré jusqu'au crétacé.

Parmi les éléments du necton fossile, l'un des plus constants, parce qu'il date des premières époques et qu'il se continue aujourd'hui, est le mollusque céphalopode, nageur intrépide, grand dévorateur, c'est-à-dire actif transformateur de matière et de force, il fait partie de tous les bisocomes, tout en constituant des espèces différentes avec le temps.

Dans les mers primitives, il est surtout représenté par *Orthoceras*, à la coquille en forme de cône, abondamment pourvue de cloisons simples et par ses analogues réalisant des variantes d'enroulement partiel : cyrtocère, aphocère, nautilocère, gyrocère, etc.

Dans les mers secondaires nous le retrouvons à
'état d'*ammonites*, à la coquille enroulée et
analogues réalisant les variantes du cloisonnement
plus ou moins compliqué : cératite, trachycère, oxy-
noticère, hoplites, perisphinctes, etc.

Et, comme pour cimenter entre eux les divers
termes de ces longues séries, en même temps que
pour affirmer la constance absolue des conditions
marines, le genre nautile, persistant depuis le cambrien jusqu'à nos jours, et nous offrant suivant
l'expression de Fischer [1], l'exemple le plus remarquable de la persistance d'un type depuis les temps
les plus anciens jusqu'à l'époque actuelle.

Barrande a compté dans le genre Orthocère 1.146 espèces dont 511 dans le silurien de la Bohême. Les ammonites sont bien plus nombreuses encore, car elles
comptent environ 4.000 espèces. Les formes les plus
anciennes sont les Goniatites, de la base du dévonien,
et peut-être même dès l'ordovicien (Nassau, Westpha-
lie, Belgique, Angleterre, Russie, Amérique du Nord).
On en trouve un grand nombre d'espèces dans le
calcaire carbonifère de la Belgique, de l'Irlande, de
l'Angleterre, etc. Il faut citer dans le trias : *Arcestes*,
genre très abondant dans le keuper des Alpes (à
Hallstadt), et qu'on trouve aussi dans l'Himalaya, en
Californie, au Spitzberg; *Tropites*, *Ceratites*, très
répandu : (*C. nodosus* est même caractéristique du
muschelkalk). *Trachyceras*, *Rhabdoceras*, *Cladiscites*,
Pinacoceras, qui compte 27 espèces, etc. Dans le
jurassique et le crétacé dominent, *Lytoceras*, *Macros-
caphites* et *Hamites*, dont la coquille présente cet

1. *Manuel de Conchyliologie*, p. 414.

aspect particulier, que le dernier tour s'allonge considérablement, et se termine par une courbure ; *Baculites*, à coquille droite, très répandue dans le crétacé, du néocomien au danien ; *Oxynoticeras, Buchiceras, Amaltheus*, dont on connaît 80 espèces dans le lias et le jurassique ; *Placenticeras* (néocomien et aptien) *Neumayria* (jurassique supérieur de Russie) ; *Schlœnbachia*, dont les 100 espèces se rencontrent du néocomien au crétacé supérieur ; *Psiloceras*, du rhétien et du lias inférieur ; *Arietites* qui compte 130 espèces, toutes dans le lias inférieur, quelques-unes atteignant des dimensions considérables jusqu'à 1 mètre de diamètre. *Agoceras* du lias ; *Harpoceras*, dont on connaît près de 190 espèces et qui a son apogée dans le lias supérieur et le dogger ; *Oppelia*, 150 espèces dans le jurassique supérieur ; *Desmoceras*, qui vécut du néocomien au sénonien ; *Pachydiscus*, à très grande coquille, fort répandu dans le crétacé moyen et le crétacé supérieur ; *Cœloceras*, du lias moyen et supérieur, *Stephanoceras*, à coquille épaisse de l'oolithe inférieure à l'oxfordien ; *Reineckia*, dont les 40 espèces sont réparties dans le bathonien et le callovien ; *Parkinsonia*, dans l'oolithe inférieure et le bathonien ; *Cosmoceras*, dans le crétacé inférieur ; *Perisphinctes*, qui a son apogée dans le jurassique supérieur où l'on peut trouver des coquilles de 1 mètre de diamètre, et qui disparaît dans le crétacé inférieur ; *Hoplites*, dont les 80 espèces sont crétacées ; *Acanthoceras*, une centaine d'espèces, et le maximum dans le gault et le cénomanien ; *Peltoceras, Aspidoceras, Scaphites* sont également des genres riches en espèces et cantonnés dans le crétacé.

Aux Ammonites se rattachent les *Aptychus* qui ont donné leur nom à des couches jurassiques des Alpes, les « schistes à *Aptychus* », remplis de ces fossiles. Elles sont là, isolées des ammonites ; mais on les trouve si souvent dans la dernière loge de ces coquilles qu'on en a fait un des éléments de leur clasfication. Selon certains auteurs, les *Aptychus* auraient servi de nourriture aux ammonites, tandis que d'autres y voient des opercules de celles-ci. Les amas d'*Aptychus* s'expliqueraient par le fait qu'après la mort de l'animal, la coquille délestée du corps, était soulevée par les gaz de putréfaction qui remplissaient ses loges, comme on l'a observé chez le nautile et entraînée loin de son opercule.

Nos seiches ou sépias peuvent donner une idée des Bélemnites (céphalopodes dibranches) bien que la coquille interne, cachée pendant la vie sous le manteau, qu'on appelle l'os de seiche (ou sépiostaire) et qui se trouve en si grande quantité sur nos rivages dans la laisse de mer, soit assez différente de la coquille de la bélemnite, très allongée, cylindrico-conique et de structure compliquée. Cette coquille caractéristique de couches jurassiques et crétacées et géographiquement très répandue avait été remarquée depuis longtemps sous les noms d'*Idœi digiti*, et de *Diaboli digiti*. C'était, disait-on jadis, une pétrificaion d'urine ou d'ambre. Les naturalistes mêmes furent longtemps à en découvrir la signification ; auparavant ils y avaient vu des dents de crocodile, d'autres des stalactites, des radioles d'oursins, des holoturies pétrifiées, etc. Ce fut Voltz qui, en 1830 reconstitua le mollusque ; et plus tard, Buckland[1] et Agassiz lui attribuèrent une poche à encre, dont on a, en effet, retrouvé les traces fossiles. Des rostres de 6 à 8 décimètres de longueur, trouvés dans le jurassique, donnent à penser qu'il y eut des bélemnites longues de 2 mètres à $2^m,50$. Toutes les espèces durent être couronnées d'une dizaine de bras. Les bélemnites proprement dites, qui comptent à peu près 350 espèces, datent du lias inférieur, ont leur apogée dans le lias supérieur et le crétacé inférieur et finissent avec le crétacé. Un genre voisin *Belemnitella* se rencontre dans le crétacé supérieur; *Beloptera* a une espèce dans le calcaire grossier; *Phragmoteuthis*, des schistes noirs du trias supérieur de Carinthie, y a laissé des empreintes de bras et des restes de poches à encre; de *Belemnoteuthis*, qui se trouve dans le jurassique moyen d'Angleterre et du Wurtemberg, nous avons des empreintes complètes dans l'argile à *Ornati* de Gammelshausen, en Wurtemberg.

Plancton. — Le plancton se compose d'êtres qui flottent, selon l'étymologie du mot, à la surface ou dans l'épaisseur des eaux, jouets des vagues et des courants, sans moyens de lutter contre eux, contraints même à se déplacer verticalement pour des causes purement physiques, comme le changement de densité de l'eau, selon la température. C'est pourquoi les naturalistes choisissent certaines heures du jour pour recueillir le plancton de surface, qui plonge à d'autres

1. *La Géologie et la Minéralogie dans leurs rapports avec la Théologie naturelle* (traduction française), 2 vol. in-8°. Paris, 1838

moments et devient inaccessible. Il n'en est pas moins vrai que le plancton contient des formes qui, tout en ne se livrant qu'à des déplacements très faibles, parcourent en un temps très court un grand nombre de fois leur propre longueur, ce qui, pour tout être donné, est la définition de la vitesse. C'est ce que nous voyons pour d'innombrables larves microscopiques, à manière de vivre d'infusoires ciliés et qui sont, au moins pour un très grand nombre, destinées à devenir des animaux fixés.

La composition du plancton change suivant les localités, mais entre des limites qui ne sont pas très écartées. Il varie davantage d'après les époques de l'année. On peut, comme terme moyen, accepter les chiffres suivants relatifs à l'Atlantique européen :

Algues	Diatomées. . . .	5 formes
	Halosphériées . .	1
	Oscillariées . . .	9
Radiolaires.		24
Méduses et siphonophores.		8
Larves d'échinodermes. .		2
Crustacés.		35
Schizopodes.		5
Copépodes.		57
Ptéropodes		2
Salpes		4
Total. . .		152

Selon les observations de Georges Pouchet, le plancton de l'océan Glacial est essentiellement végétal. Il abonde dans les fjords, où le dépôt qui remplit le filet employé à la pêche de surface, est une sorte de boue d'un roux jaunâtre. Ce qui y domine, ce sont des diatomées et de petites fucacées qui répandent la nuit une faible phosphorescence, de peu de durée. Les diatomées les plus abondantes, par exemple à Jan Mayen, sont *Schizonema*, mesurant de 175 à 200 μ; *Rhizosalenia*, *Chætoceras*, *Thalassiosira*. Pouchet pense que, dans les fjords, la végétation des fucacées suffit à l'entretien immédiat de la vie animale ambiante et fournit la phycophœïne, qui colore en vert les eaux de ces fjords.

L'océan Glacial antarctique est également riche en diatomées. Il prend quelquefois une remarquable coloration verte, même dans l'eau grise des glaçons, causée par la présence d'innombrables petites algues sphériques, piquetées de quatre points jaunâtres et verdâtres.

Il est impossible de ne pas comprendre dans la catégorie planctonique, les sargasses (raisin des tropiques) qui consistent en algues arrachées à des régions benthoniques amenées, par les courants de la mer, à constituer de vraies prairies flottantes, parfois gigantesques, que la terreur des compagnons de Christophe Colomb, qui s'y crurent perdus, a rendues classiques.

Les sargasses introduisent dans la masse planctonique les animaux qui s'y réfugient. Certains poissons, par exemple *Antennarius marmoratus*, sont devenus célèbres par les nids qu'ils y construisent pour y pondre leurs œufs et par le mimétisme extraordinaire qu'ils affectent et qui les confond complètement avec les fucus, par les découpures de leurs nageoires et par les marbrures de leur peau.

L'élément prédominant du plancton animal sur toute la surface des mers, consiste en êtres microscopiques comme les pérédiniens, qui sont regardés par beaucoup de naturalistes comme étant des infusoires flagellés (dinoflagellés). Ils sont en effet constitués d'une unique cellule d'où partent deux *flagellum* dont l'un paraît jouer surtout le rôle d'organe locomoteur. Ces êtres, et spécialement *Gymnondium*, gros de 80 μ et *Certiumtripos* de 450 μ, sont pourtant regardés par les botanistes comme des algues phéophycées : exemple remarquable de l'intime jonction des deux règnes à leur base.

A côté de ces êtres *incertæ sedis*, le plancton renferme de véritables infusoires et en particulier *Noctiluca*, déjà mentionnée comme étant la cause de la « mer de lait ». Il y aussi des radiolaires, dans lesquels on est porté à voir un pendant animal des diatomées, à cause de la nature siliceuse de leur squelette et qui établissent, sous une forme spéciale, un nouveau lien entre les deux règnes, en renfermant dans la substance même de leur sarcode, des petites granulations où l'on a reconnu des algues particulières.

Si nous montons l'échelle zoologique, nous trouvons dans la substance du plancton, de nombreux vers, parmi lesquels il suffit de nommer les némertiens. Des cœlentérés y abondent, sous les trois formes principales de Polypes hydraires (*Pelagia*), de Cténophores (*Cestus Veneris*) et de Siphonophores (*Vellela, Physalia*).

Comme représentants des échinodermes, il convient de citer, pour certaines époques de l'année, d'innombrables larves d'oursins et, toute l'année, des holothuries nageuses, comme *Pelagothuria natatrix*, pêché à 2.360 mètres. Comme crustacés, les copépodes se signalent par leur nombre prodigieux et aussi par la variété inépuisable de leurs formes : citons seulement *Callocalanus pavo* qui, gros de quelques millimètres à peine, étale un éblouissant déploiement de plumes irisées, lui permettant de s'élever dans l'air, à la façon des papillons qu'emporte le vent.

Les mollusques sont largement représentés par des céphalopodes de petite taille et de forme globulaire ou élancée; de gastéropodes prosobranches (*Janthina fragilis*), dont le flotteur ovigère a longtemps été un problème pour les zoologistes), des gastéropodes hétéropodes (*Firola coronata*), vermiforme de 30 centimètres de longueur, composé de tissu entièrement transparent; enfin, des ptéropodes (*Hyale, Cavolina, Cymbula, Tiedemania, Criseis*). Formant des bancs immenses, ces derniers mollusques se montrent à la surface de la mer après le crépuscule, restent des heures entières suspendus entre deux eaux, en étendant simplement leurs nageoires latérales, membraneuses, en forme d'ailes, puis coulent subitement en les repliant. Les ptéropodes se trouvent dans toutes les mers, mais certaines formes sont bien localisées : *Clio*, en énorme quantité dans les mers du nord; *Cymbula* dans l'Atlantique sud; *Tiedemania* au nord du Pacifique; *Criseis* affectionne spécialement le voisinage des sargasses.

Les tuniciers sont aussi à mentionner, soit sous les formes de salpes, dont l'histoire, révélée par

Albert de Chamisso, a procuré à la science la notion de la génération alternante, à laquelle on a opposé une si singulière incrédulité, et des pyrosomes phosphorescents, véritables feux d'artifice, ballottés au gré des flots.

Le plancton, surtout le plancton polaire, a évidemment pour finalité de pourvoir à l'alimentation d'une foule d'habitants de la mer. Ainsi, un ptéropode à coquille globuleuse, *Limacina*, des mers glaciales des deux pôles, constitue la nourriture de gigantesques cétacés *Megaptera boops*, *Balæna mysticetus*, les plus grands des animaux passés et présents : les 25 mètres, attribués à *Atlantosaurus* des Montagnes Rocheuses[1] paraît être le maximum des dimensions des animaux fossiles.

Georges Pouchet s'est préoccupé de savoir la quantité de « vie » qui, du fait du plancton, existe dans un volume donné d'eau de mer. Sa méthode consiste à employer un filet de gaze, à ouverture circulaire de 20 centimètres de diamètre, qu'on fixe à l'avant d'un canot. Muni de cet instrument, on se dirige en droite ligne sur une bouée placée à une distance connue et le plancton recueilli est précisément celui que renfermait un cylindre d'eau de la longueur du chemin parcouru et du diamètre du filet. On met une goutte d'acide osmique dans la masse placée au fond d'une éprouvette graduée et, après tassement, on a d'après l'épaisseur du dépôt le chiffre voulu. Aux Feroë, on a dosé ainsi 3 centimètres cubes de plancton dans un mètre cube d'eau.

1. V. Boule, *les Créatures géantes d'autrefois* : *Revue générale des Sciences*, du 15 octobre 1902.

La notion de l'existence du plancton à tous les âges, résulte de la découverte sur le fond des anciennes mers, de dépôts, de débris comparables à ceux que donneraient les êtres flottants de la mer actuelle. On peut les répartir en deux séries principales : d'une part ceux qui proviennent d'animaux de dimensions notables, comme sont les coquilles de certains ptéropodes; d'autre part, les tests d'organismes microscopiques, comme ceux des foraminifères et des radiolaires.

Pour ces derniers, on peut citer d'abord le gisement, signalé par M. Cayeux en plein terrain cambrien, dans les jaspes noirs de Lamballe. Parmi les foraminifères, tout le monde connaît les fusulines et les saccamines si abondantes dès le terrain de culm (carbonifère inférieur), comme à Cussy-en-Morvan, où elles sont associées à d'autres êtres analogues [1]. Des bancs entiers de fusulines se trouvent dans le calcaire carbonifère, dans les Asturies, en Russie (Moscou), au Japon, en Chine, à Sumatra, aux Indes, dans l'Amérique septentrionale. Plus de 80 espèces de foraminifères, parmi lesquelles sont mélangées beaucoup de coquilles siliceuses, accompagnent les fusulines à ce niveau : *Saccamina*, *Trochammina*, *Lituola*, *Lagena*, *Fusulinella*, etc.

Le trias des Alpes est riche aussi en foraminifères, par exemple dans le Tyrol méridional, où les couches à Bellérophons contiennent *Endotyra*, *Textularia*, *Lingulina*, *Trochammina*.

Des calcaires de l'infrà-lias (calcaire en plaquettes

1. *Examen paléontologique du calcaire à Saccamina de Cussy-en-Morvan. Bull. de la Soc. d'Hist. nat. d'Autun*, I (1887).

de l'Echernthal, près Hallstadt) contiennent plus de 80 °/₀ de globigérines et en outre *Textularia, Orbulina, Quinqueloculina*. Le lias de Lorraine, le jurassique supérieur de Souabe et de Suisse présentent une faune de foraminifères dans laquelle dominent les genres *Cornuspira, Involutina, Nodosaria, Dentalina, Cristellaria, Vaginulina, Lingulina, Polymorphina*, où apparaissent *Orbitolites*, mais dans laquelle deviennent rares *Miliolites, Textularia, Rotalina*, celles-ci réapparaissant dans le crétacé inférieur, où sont aussi les Globigérines. Le genre *Orbitolina* forme à lui seul des couches dans l'aptien et le cénomanien. La craie blanche abonde en Globigérines, en Textularines, en Rotalines et en Miliolides.

Ces deux derniers genres prédominent à la base du tertiaire, où les Alvéolines caractérisent des calcaires de l'éocène des Alpes méridionales, de l'Egypte, du désert Libyen, etc. Les genres dominants, dans ces deux dernières régions, sont *Nummulites* et *Orbitoides*, qui disparaissent dans le tertiaire supérieur, lequel, sur sa fin, a à peu près les mêmes foraminifères que les mers actuelles.

Le plancton végétal, si abondant aujourd'hui, a certainement eu la même richesse dans les temps géologiques. Toutefois, l'immense majorité des formes actuelles ne saurait laisser des traces qui révéleraient dans l'avenir leur existence. Une seule exception concerne les diatomées qui, grâce à leur squelette siliceux peuvent aisément se fossiliser. Elles forment ainsi le *tripoli* d'Oran, poudre à polir dans laquelle on a fréquemment trouvé des restes de poissons fossiles ; elles entrent dans le guano, après avoir cheminé de l'estomac des poissons dans celui des oiseaux. La forme la plus ancienne paraît être *Bactryllium* qui se trouve dans le keuper et dans le muschelkalk, où parfois il forme presque entièrement la roche (couches de Virgloria, dans les Grisons). *Diatoma*, dont plusieurs espèces vivent dans les eaux saumâtres, date du crétacé supérieur. Citons encore *Navicula* dans presque toutes les couches à diatomées. *Bilulphia, Amphitetras, Triceratium, Fragilaria*, que l'on trouve dans les tripolis; *Cyclotella, Pyxidicula, Surirella, Himantidium*, dont les espèces fossiles sont nombreuses.

Nous avons vu qu'à l'époque actuelle, les champs d'algues flottantes connues sous le nom de sargasses, sont constamment renouvelés par la contribution de courants qui s'en chargent à des distances plus ou moins considérables. On a constaté qu'après leur mort, elles tombent au fond de la mer. Elles ont donc pu, en certaines circonstances du moins, se fossiliser. En effet, quelques gisements d'empreintes rapportées à des algues et qui sont d'âges très divers, semblent résulter du phénomène dont il s'agit. On trouve, par exemple, dans le terrain tertiaire, de très abondantes réunions de vestiges auxquels on a donné le nom de *Fucoïdes* et qui jouent un rôle important dans la géologie de plusieurs pays. Cependant, Schimper[1] émet l'avis que ces traces ne méritent pas d'être retenues par le botaniste. « Pour nous, dit-il, toutes ces formes auraient des relations systématiques, aussi obscures que variées; ainsi les *Dictyo-*

1. T. V du *Traité de Paléontologie* de Zittel.

phicæ seraient des éponges ; d'autres formes ne seraient que des pistes de crustacés, de mollusques ou des traces inorganiques dues aux agents géologiques (temps, pression, glissements), ou enfin, comme les *Confervites*, de mauvais débris de plantes plus élevées en organisation. »

Les chondritées, qui se rencontrent en grandes quantités depuis les couches siluriennes jusqu'aux formations tertiaires, nous paraissent, étant données d'ailleurs les détériorations qu'elles ont nécessairement subies, s'expliquer ainsi que nous venons de le dire d'autant plus sûrement que des échantillons exceptionnels présentent quelques affinités avec des formes récentes ou mêmes actuelles. Tel est le cas de *Phyllocorda* du dévonien supérieur de Thuringe et de *Laminariopsis africana* de l'Afrique occidentale, que nous avons eu nous-même l'occasion de décrire [1].

Fréquemment, là où la forme botanique est le moins bien conservée, on rencontre des amas lenticulaires de matière tourbeuse ou ligniteuse, qui pourraient s'accorder, nous semble-t-il, avec l'idée qu'elles représentent la projection verticale, sur un fond marin, d'une prairie flottante de sargasses.

1. Compte rendu du Congrès des Sociétés savantes, 1904 p. 156, avec figure. Paris.

CHAPITRE III

Modifications apportées par la vie aux caractères primordiaux de la mer.

Parmi les caractères biologiques de la mer, il y en a qui concernent directement chacune des quatre parties entre lesquelles nous avons distribué la description de ses propriétés inorganiques. Il en résulte que chacune de ces parties doit recevoir une sorte d'appendice, relatif respectivement aux modifications que la géographie, la dynamique, la physique et la chimie de l'océan ont éprouvées du fait de la vie dans son sein : il en a reçu des caractères nettement accusés qui le font tout autre qu'il n'était quand agissaient seules les forces inorganiques.

Modifications de la géographie de la mer. — Ce n'est pas une répétition de constater que le phénomène coralligène a apporté à la géographie physique, telle qu'elle résulterait des actions souterraines et superficielles consécutives au refroidissement spontané de la planète, des modifications profondes. De ce fait, les cartes sous-marines sont sans cesse à refaire, si bien que le navigateur n'avance

en certaines régions du Pacifique que la sonde à la
main. Nous retrouvons très aisément, dans les grandes
lignes, la disposition relative de l'Atlantique et du golfe
du Mexique avant l'installation des énormes récifs frangeants qui bordent la Floride et l'île de Cuba. Le
détroit, très évasé du début, et d'où le *gulf-stream*
sortirait sous la forme d'un large flux épanoui en éventail, s'est pour ainsi dire étranglé et canalisé. On entre-
voit l'époque où la continuation du phénomène biologique, s'il doit persister assez longtemps, amènerait
l'oblitération de cette porte de sortie. Et la remarque
peut s'étendre à toute la longueur du chapelet des
Antilles qui, depuis les îles de Bahama jusqu'à la Tri-
nité, esquisse une clôture séparative entre l'océan et
la mer des Antilles, passée à l'état de bassin fermé.

De même, les alignements, si bien constatés parmi
les atolls de l'océan Indien, nous procurent comme une
espèce d'ébauche, annonciatrice d'une modification
profonde des rivages du sud de l'Asie, qui embrasse-
raient toute l'Insulinde. De même encore toute la mer
Rouge a subi un commencement de réduction par la
croissance des récifs qui l'occupent au nord, du côté de
Suez, et au sud, du côté de Djibouti et d'Obock. Il est
inutile d'insister sur les conséquences de ces phénomènes gigantesques, quant à l'interprétation géographique des délinéaments géologiques des diverses
époques.

Modifications de la cinématique de la mer. —
L'érosion marine reçoit dans un grand nombre de cas
une collaboration des plus actives d'animaux et de
végétaux variés.

A côté des phénomènes inorganiques qui déterminent la désagrégation des roches cohérentes, des résultats analogues sont obtenus par les êtres vivants qui ont reçu, sans la mériter d'ailleurs, la qualification de lithophages. Outre les algues qui travaillent les roches avec leurs crampons, à apparence de racines, il y a celles qui, pénétrant dans les tissus des pierres calcaires, y procèdent à la dissolution partielle du carbonate de chaux, en sorte que le résidu devient éminemment friable et transportable à longues distances, par les courants aqueux.

Des animaux également, font des brèches au rivage, en se creusant des refuges dans les masses minérales les plus insolubles et les plus résistantes, de façon à réduire en grains des montagnes de granit, de gneiss, de micaschiste, de grès et de quartzite. Ces travailleurs que Michelet traite pittoresquement de « piqueurs de pierre », sont d'autant plus à mentionner ici que parfois ils se font les véritables collaborateurs des agents inorganiques : par exemple, ils ébauchent des marmites, dans chacune desquelles ils ont la précaution de laisser une meule de leur façon, avec laquelle le flot pourra travailler efficacement. Il s'agit ici de petits oursins ou châtaignes de mer (*Strongylocentrotus lividus*) qui ont besoin de se faire une logette dont ils rempliront exactement le contenu. Dans certaines régions, comme au Cap Saint-Mathieu (Finistère) des surfaces énormes de micaschiste se présentent, à marée basse, avec d'innombrables perforations de ce genre. Ailleurs, les oursins s'associent pour travailler et semblent accepter une consigne commune : ils se disposent en cercle pour commencer

leurs perforations qui laissent intacte une région
centrale; les progrès du travail isolent une colonne
au milieu d'une couronne creusée, et progressivement les échinides s'attaquent à la paroi verticale
externe du conduit circulaire et s'y ménagent chacun
une chambre horizontale. Il arrive que le galet amène
la rupture par le pied de la quille axiale du rocher
qui se trouve toute portée pour constituer la meule
de la marmite ainsi réalisée. Alors, le mouvement des
flots rend l'habitation des oursins impossible et un
énergique travail d'érosion entièrement océanique
continue l'œuvre des animaux. En France nous trou-
verons de ces associations d'oursins dans les roches
des Haldes, entre le vieux port de Biarritz et la côte
des Basques[1]. On y voit maints villages habités par
des populations de 40 à 60 individus, ressemblant,
suivant l'expression de Jules Marcou « à une façade
de maison avec un habitant à chaque fenêtre ouverte et qui serait occupé à regarder ce qui se passe ».
Un très grand nombre de côtes sont ainsi en proie
aux oursins : dans les Iles Britanniques, en Algérie,
aux Açores, en Floride, Californie, Panama, Australie,
sur la côte orientale des Etats-Unis, etc.

Bien d'autres animaux pratiquent le même art de
perceurs de pierre. En nous bornant à nos côtes,
nous rencontrons des pholades, des lithodomes, enfin
des éponges qui peuvent compter parmi les plus actifs
à cause de la fragilité des matières auxquelles ils
s'attaquent. Il s'agit en effet surtout dans ce dernier
cas, de coquilles calcaires et de débris madrépo-

1. V. une note de M. Walter Fewkes dans *American Naturalist,*
janvier 1890.

riques, dont plusieurs formes d'éponge, et péciale-
ment des cliones, traversent la masse de perforations
souvent reliées entre elles par des réseaux de canaux
plus ou moins fins. Comme Paul Fischer l'a remarqué, ces éponges remplissent ainsi une vraie fonction géologique, en remettant à l'état de mobilité des
quantités formidables de calcaire que les mollusques
et les polypiers en avaient extraites.

« Les *Cliona*, dit P. Fischer[1], atteignent ce but, en
attaquant le calcaire dans tous les sens et en le ren-
dant friable. Bientôt, grâce à l'action mécanique du
flot, les coquilles les plus résistantes, les polypiers
les plus massifs, se résolvent en bouillie qui descend
au sein des mers, et comme un blanc manteau
recouvre tous les fonds à des profondeurs considérables. » Ajoutons que Paul Fischer néglige la proportion considérable de calcaire que les éponges ont
dissoute au cours de leurs opérations et qui est
admirablement placée pour réaliser des phénomènes
chimiques.

En outre, quand les polypiers et les coquilles de
mollusques ont été réduites dans la matière boueuse,
ils offrent encore une proie à des légions d'animaux
marins qui se comportent à l'égard de ces matériaux
submergés, comme font les vers de terre dans l'épaisseur du sol arable. Au premier rang se signalent les
holothuries, ou cornichons de mer, dont l'intestin est
ordinairement rempli, comme l'avaient déjà observé
Darwin[2], Henri Milne-Edwards et Quatrefages[3]. Dar-

1. *Manuel de Conchyliologie et de Paléontologie conchyliologique*, in-8°. Paris, 1887.
2. *Les Récifs de Corail*, p. 16.
3. *Souvenirs d'un Naturaliste*. 1 vol. in-18. Paris, 1860.

win fait remarquer que la singulière structure de
l'anneau calcaire situé à la partie antérieure du
corps de l'holothurie facilite certainement cette absorption. Le nombre de ces échinodermes sur les récifs
coralliaires est si grand que toute une flotte vient de
Chine pour pêcher le *trépang*, qui est une espèce
'holothurie. Certains poissons, des scares, ou *pois-
sons-perroquets* accomplissent une besogne analogue.
« J'ouvris plusieurs de ces poissons, dit Darwin, qui
sont très nombreux et de grande taille et je trouvai
leurs intestins distendus par de petits morceaux de
corail et par une matière calcaire finement pulvéri-
sée. Ils doivent ainsi produire une certaine quantité
de sédiment très fin. »

A tous les niveaux géologiques, on connaît des
roches qui ont évidemment subi le genre d'érosion
qui nous occupe. C'est en 1720 que Réaumur constata
que les calcaires d'eau douce, dits de la Beauce, sur
lesquels se sont étendus les faluns marins de la Tou-
raine, sont criblés de trous de pholades, identiques
pour l'allure et les dimensions, aux perforations
actuelles des pholades sur nos côtes. On en conclut
que la mer, dans laquelle vivaient tous les êtres qui
ont laissé des traces fossiles dans les faluns, comp-
tait au nombre de ses habitants des animaux lithophages. Dans Paris même, les couches du terrain
barthonien sont parfois criblées de perforations de
gastrochènes. M. Phocion Negris[1] a signalé en Grèce
de volumineux exemples de perforations dans la
masse de calcaires quaternaires fortement soulevés
au-dessus du niveau actuel de la mer.

1. *La régression quaternaire*. 1 vol. in-8°. Athènes, 1912.

Dans le terrain portlandien inférieur de la vallée d'Héméricourt (Doubs), des perforations très nombreuses à travers de bancs calcaires ont été signalées par Duvernoy[1] qui les attribua à des gastéropodes du genre *Nerinea* (*N. Visurgis*, *N. Bruntrutana*, *N. suprajuracensis*, *N. Gosae*, *N. Teres*).

Les animaux fouisseurs de sable sous-marin sont innombrables; ils ont travaillé à toutes les époques et nous ont laissé des traces de tous les âges, depuis les arénicoles du cambrien des Ardennes et les *Tigilites* du silurien de Normandie et de Bretagne, jusqu'aux époques actuelles. Non seulement des vers ont accompli des travaux de ce genre, mais encore des êtres de catégories très diverses.

Parallèlement aux animaux, les plantes travaillent à l'érosion et à la désagrégation des roches sous-marines. Suivant les remarques de Lennier, lors des éboulements de falaises, nombre de blocs sont entraînés dans la mer au-dessous du niveau des basses mers de morte-eau. Alors ils sont destinés à devenir des écueils côtiers; les vagues ne les remanient pas et ils échappent à la pulvérisation littorale. Pourtant, en brisant ces roches, on voit qu'elles sont l'objet d'entreprises d'êtres lithophages et spécialement d'algues qui pénètrent dans la matière crayeuse et collaborent à la désagrégation de la roche, pratiquée là aussi par les animaux. De cette façon, la chaîne d'écueils sous-marins peut perdre, grâce cette intervention, une grande partie de son volume primitif et se réduire aux éléments non attaquables,

1. Comptes rendus de l'Académie des Sciences, XXIX, 645 3 décembre 1849).

comme on en voit en mer, en avant du cap d'Ailly, à
3 kilomètres de Dieppe.

Nous avons déjà pu voir que les êtres organisés, si
actifs pour l'érosion, procèdent d'autre part à l'élaboration de couches sédimentaires. Par des phénomènes
chimiques, auxquels nous devrons nous arrêter dans
un moment, ils saisissent au passage des matériaux
qu'ils fixent sóus la forme de bancs rocheux. Dans
cette direction, deux types nous sont bien connus :
les bancs d'huîtres d'une part, et d'un autre côté, les
accumulations de carapaces d'animaux divers, tels que
certaines annélides tubicoles, comme les serpules, et
surtout des coquilles qui s'enfouissent dans la vase.

L'activité sédimentaire de la mer est singulièrement activée, dans un grand nombre de localités, par
l'intervention de matériaux d'origine exclusivement
biologique. La répartition des sédiments, au lieu de
s'établir avant tout d'après l'énergie du déplacement
de l'eau, dépend alors des causes qui donnent naissance à la production de corps pesants, même dans
des régions très calmes : tels sont des coquilles, des
squelettes, des dents, des téguments d'animaux les
plus variés. Les frustules de diatomées, comme les
tests de radiolaires et de foraminifères, s'accumulent
dans des points où ne seraient pas capables de les
apporter, les courants qui ont cependant charrié;
mais à l'état de dissolution, les éléments chimiques
d'où ces produits organiques sont dérivés.

On sait maintenant, après en avoir longtemps
douté, que des êtres nectoniques peuvent transporter
à travers les océans, des sables et même des pierres
qui, abandonnés, soit comme corps étrangers rejetés

par les organes digestifs, soit figurant comme détails dans la dépouille des animaux porteurs, se retrouvent dans des situations en apparence aberrantes.

A l'appui du premier cas, rappelons la pratique à laquelle se livre la morue, quand elle a inconsidérément encombré son estomac d'objets non assimilables, et qui consiste à le rejeter par la bouche, ce qui le retourne, et à le secouer dans l'eau pour le laver comme on ferait d'une étoffe, après quoi, le viscère est réavalé, remis en place et bientôt amené à reprendre le cours de ses digestions.

Quant au deuxième point signalé, sa réalité est démontrée avant tout par les observations du Dr Sauvage, de Boulogne, et d'autres naturalistes, qui ont trouvé dans le tube digestif de divers poissons des tests de coquilles littorales. Les mactres, par exemple, sont fréquentes dans l'estomac des limandes et il est évident que si l'un de ces poissons vient à mourir en pleine mer et pendant que son corps sera détruit par le travail microbien, de façon à disparaître entièrement, les valves des mollusques, à supposer qu'elles n'aient pas été détruites par les sucs gastriques, ont beaucoup de chances de persister sur le fond, mêlant ainsi un caractère littoral à un faciès thalassique. Le même ichtyologiste a mentionné la découverte d'opercules de buccins dans l'estomac d'un squale (*Acanthias* ou chien de mer), sans traces de la coquille du mollusque.

Cette observation jette de la lumière sur une discussion à laquelle nous avons déjà fait allusion, quand nous avons dit que la découverte de galets au sein de la craie blanche, a conduit certains auteurs à lui attribuer un caractère littoral, et que M. Cayeux va jusqu'à dire que « ces galets ont été apportés, soit par les vagues, soit par les marées et leur présence contribue à donner à la craie un caractère terrigène ».

En réalité, certains poissons sont d'une voracité qui leur fait avaler n'importe quoi. Le Dr Georges Bennet cite la trouvaille dans l'estomac d'un requin capturé à Port-Jackson des objets les plus variés, sans doute tombés de bateaux : jusqu'à des pots d'étain et des racles de navire.

C'est ainsi que les galets trouvés dans la craie, très exceptionnellement d'ailleurs, puisque M. Janet, au cours de ses longues recherches sur la craie de l'Oise, n'en a rencontré que deux fois, ont été transportés loin des côtes par les poissons qui les avaient avalés. Un cétacé, *Globicephalus melas*, échoué le 25 juin 1907, à Tatihou (Manche), avait dans l'estomac des galets de silex que le Dr Anthony y a recueillis.

Enfin, les fonctions physiologiques des êtres vivants qui, considérées dans chaque individu, ne peuvent modifier le milieu ambiant que d'une façon infime, deviennent, par leur continuité et leur ubiquité, aussi énergiques que les autres manifestations de la cinématique de la mer et influent nécessairement sur les courants.

Modifications de la physique de la mer. — Le sentiment que nous avons de l'économie des profondeurs marines, d'après notre étude de l'action solaire et de l'énergie souterraine, doit être notablement modifié du fait de l'activité biologique. A cet égard, notre attention devra s'arrêter surtout sur l'examen des phénomènes lumineux.

On a beaucoup insisté naguère sur l'obscurité qui régnerait sans partage dans les grands fonds océaniques, et l'on a conclu de l'absence de lumière, à l'impossibilité de la vie végétale dans ces régions. On a même regardé, comme une preuve de cette assertion, la pêche dans les profondeurs, d'un certain nombre de poissons aveugles et de crustacés pourvus de très longs appendices tactiles, antennes et antennules, prétendues succédanées de la vue pour des habitants de ténèbres perpétuelles. Les observations ont amené très vite à renoncer à ces opinions si formelles, et aujourd'hui on est d'accord pour reconnaître que la matière végétale ne manque pas dans les profondeurs. Bien que les plaques photographiques, même dans les meilleures conditions, ne soient pas influencées à plus de 350 mètres de profondeur, on sait que des algues vertes existent bien plus bas, et qu'elles remplissent dans certains abîmes un rôle de première importance en engendrant de l'oxygène nécessaire à la vie.

Dans bien des cas, des animaux peuvent être considérés comme élargissant dans d'énormes proportions la dimension des zones où la vie végétale est possible, par le transport qu'ils réalisent eux-mêmes de cellules végétales. Des holothuries, capturées à 3.600 mètres avaient dans leur tube digestif des diatomées bien préservées. D'après l'abbé Castracane, qui a si savamment étudié les diatomées du *Challenger*, ces plantes peuvent prospérer à d'énormes profondeurs, où la phosphorescence leur permet évidemment de procéder à la fonction chlorophyllienne. Aussi est-il facile d'accepter cette notion que l'éclairage des grands fonds, dont l'intensité même peut être supérieure à ce qu'on s'est imaginé tout d'abord, est due à la véritable profusion d'animaux qui y vivent.

Les, radiolaires, si abondants dans les abîmes, nous fournissent un exemple plus éloquent encore que celui des diatomées conservées dans l'intestin des holothuries. Il entre, en effet, dans la constitution de ces animaux, des cellules végétales, comme éléments nécessaires. C'est une notion très répandue que la nature mixte des plantes appelées lichens, dans le tissu desquelles existe avec une importance égale une algue cellulaire (gonidie) et un champignon cellulaire (hyphe). Ici, l'association est plus remarquable encore, puisqu'il s'agit d'un protoplasma animal dans lequel sont disséminées de petites algues, désignées sous le nom de zooxanthelles.

Pour le dire en passant, l'existence de carapaces de radiolaires, à toutes les époques depuis le cambrien, entraîne avec elle la notion de l'existence d'algues qui n'ont d'ailleurs laissé aucune trace de leur existence. Les radiolaires existant à toutes les profondeurs dans la mer, ils y transportent avec eux, sous la forme de zooxantelles, un des éléments les plus essentiels de l'équilibre des deux règnes. Et nul fait n'est plus décisif pour affirmer l'importance des modifications apportées par la vie, dans les conditions physiques de la mer.

Certaines colorations de la mer sont d'origine organique. En 1844, le botaniste Montagne a étudié la cause de la couleur de la mer Rouge, dont certains points de l'Atlantique ne sont pas exempts. C'est le *Protococcus atlanticus*, algue si petite qu'il faut 40.000 individus pour couvrir un millimètre carré, et qui, en

certains moments, encombre des surfaces mesurant
jusqu'à 320 kilomètres de côté. Les pêcheurs de l'embouchure du Tage connaissent très bien le phénomène, mais ils en font du frai (!) de baleine.

La mer Noire est colorée en certaines régions par de
la matière organique morte et même en voie de décomposition. C'est un fait sur lequel nous aurons à revenir.

Parfois, la mer polaire, abandonnant sa couleur
bleue, est verdie par la multitude d'animalcules jaunâtres de $0^{mm},8$ à $1^{mm},3$, qui s'y pressent les uns
contre les autres. Ces eaux vertes, recherchées tout
spécialement par les baleines, pour le plancton qui
les colore, forment des bandes constamment déplacées. Scoresby en a vu de 100 kilomètres de longueur, avec une largeur de quelques kilomètres seulement. Il arrive que la transition du bleu au vert est
tout à fait brusque. En 10 minutes, un bateau à voiles
peut se trouver dans des bandes vert pâle, vert olive
ou bleu diaphane.

Enfin, il est indispensable de constater que l'analyse permet de reconnaître la présence de la chloro-
phylle, comme élément normal des tissus d'un très
grand nombre d'êtres marins appartenant à des divisions zoologiques très variées. Plus de 100 radiolaires et beaucoup d'infusoires, sont dans ce cas, et
avec eux *Orbitolites* et *Globigerina echinoïdes*, parmi
les foraminifères. Comme spongiaires, on citera :
Hircinia variabilis, *Reniera cratera*. Diverses hydroméduses : *Sarsia aglaophenia*, *Hydra viridis*, *Rhizos-
toma Cuvieri*, *Cassiopea borbonica*, et des siphonophores; *Vellela* et *Porphyta* sont dans le même
cas. Les cœlentérés chlorophylliens sont très nom-

breux; citons : *Anemonia sulcata, Paralcyonum elegans, Gorgonia verrucosa, Anthea cereus, Anthea cinera, Ceriactis aurantiaca, Helianthus troglodytes, Helliactis bellis, Adamsia diaphana, Actinia auran-tiaca, Aiptasia diaphana, Aiptasia chameleon, Clado-cora cæspitosa, Porites lutea*. Comme échinodermes : *Echinocardium cordatum* et *Holuthuria tubulosa* doi-vent être signalés au même titre que *Zoobetherium pellucidum* parmi les bryozoaires. Les vers sont nom-breux : *Bonellia viridis, Chœtoptenus Convoluta Schultzii, Mesostomum viridatum, Eunice gigantea*. Terminons par *Idotea viridis* parmi les crustacés et *Tridacne* parmi les mollusques.

Il résulte d'expériences répétées que les lueurs phosphorescentes sont suffisantes pour déterminer le phénomène chlorophyllien. Une foule d'êtres orga-nisés développent la lumière nécessaire à cette grande fonction.

Ceci étant posé, l'existence des êtres phosphores-cents acquiert, elle aussi, une importance plus grande. Il ne s'agit pas seulement de luminaires servant de guides aux animaux sous-marins, mais d'agents de transport dans les grands fonds de foyers d'énergie biologique.

Par certains beaux soirs et sur certaines plages, chaque pas sur le relais allume un éclair; les flots qui frappent le rocher émettent des lueurs souvent magni-fiques, et les bateaux sont suivis d'un sillage de feu. Une bouteille d'eau rapportée dans une chambre obscure peut servir de veilleuse pendant quelque temps. Le microscope décèle l'origine du phénomène dans un microbe : *Bacillus phosphoreus*. Le phéno-

mène prend quelquefois des proportions prodigieuses,
au point que la mer agitée semble éclairer l'espace,
et que le jour, elle est d'une blancheur qui lui a valu
le nom de mer de lait. Cette fois, la cause est un
infusoire, le noctiluque phosphorescent.

Peut-être, une des plus précises observations en est-
elle celle qui fut faite en 1854, au voisinage de Java,
par le capitaine Kingman et dont Maury donne la
relation dans sa *Géographie physique de la mer* :
« Cette tache d'eau blanche avait 23 milles de longueur N.-S. (42 kilomètres). Elle était interrompue
vers son milieu par un espace noir d'un demi-mille
de large.

« Tout l'océan paraissait une plaine couverte de
neige. Il n'y avait pas de nuage dans le ciel, seulement l'horizon était noir jusqu'à une hauteur de 10°,
comme annonçant un violent orage. Les étoiles de
première grandeur donnaient une faible lumière et la
lueur de la Voie lactée était entièrement éclipsée par
celle de l'eau sur laquelle nous naviguions.

« Nous remplîmes un vase d'environ 60 gallons, de
cette eau que nous trouvâmes pleine de petites particules lumineuses, qui, mises en mouvement, présen-
taient l'aspect le plus remarquable. Tout le vase était
plein de ces animaux qui dans l'obscurité et à une
assez grande distance paraissaient comme des serpents
lumineux et des feux d'artifice. Quelques-uns de ces
serpents paraissaient avoir six pouces de long et
étaient très lumineux... Dans un verre d'eau, il y
avait des animalcules ronds, d'un seizième de pouce de
diamètre qui s'étendaient et prenaient une dimension
double pour se contracter de nouveau. »

D'après Arago, le lieutenant Lynch a observé la phosphorescence de la mer Morte : « La surface du lac était entièrement couverte d'une écume phosphorescente et les vagues, en se brisant contre le rivage, répandaient une *lumière sépulcrale* sur les broussailles et les rochers dispersés le long de ses bords. »

La phosphorescence de la mer n'existe pas seulement à sa surface : beaucoup d'êtres des profondeurs appartenant à des catégories zoologiques très diverses, se signalent par leurs propriétés photogéniques. Outre les microbes et les protozoaires dont nous avons parlé, quantité de cœlentérés, comme la ceinture de Vénus (*Cestus Veneris*), *Pavonaria quadrangularis*, de polypiers, comme *Pennatula ;* d'échinodermes, comme l'incomparable *Brisinga* découverte d'abord par Absjronsen sur les côtes de Norvège et des Ophiures ; de vers, comme *Polinœ torquata ;* de méduses, comme *Aurelia phosphorica* ; de crustacés, comme *Geryon tridens* et ceux dont Eydoux et Souleyet signalaient les splendeurs en 1838[1] : de mollusques, comme *Pholas dactylus* et toute une série de céphalopodes (*Histioteuthis Rupelli* et *Chiroteuthis Grimaldi*); de tuniciers, comme *Pyrosoma*, nous conduisent aux êtres les plus remarquables de la série, c'est-à-dire aux poissons.

Beaucoup de poissons des abîmes sont recouverts d'un mucus lumineux, qui pourrait bien être destiné à attirer les proies. Le requin conservé exceptionnel-

---

1. « Ils lancent, quand ils sont irrités, disaient ces naturalistes, de véritables jets de matière phosphorescente en assez grande quantité pour former autour d'eux une atmosphère dans laquelle ils disparaissent ».

lement à l'état vivant et que décrit Bennet, répandait un éclat vert intense par sa région ventrale. Mis dans une pièce non éclairée, ce requin, jusqu'à sa mort la remplit d'une lueur très intense. Le *Malacosteu, niger*, venant de plus de 2.000 mètres de fond, possède des appareils glanduleux spéciaux qui ont la forme de larges plaques phosphorescentes placées immédiatement au-dessous des yeux. « Un des *Malacosteus niger* que nous avons pris, dit Filhol, donnait encore quelques signes de vie au moment de son arrivée à bord et nous avons pu observer la lumière qu'il émet... Voilà un poisson, portant à la partie antérieure de son corps, une sorte de phare, pour éclairer sa route au fond des mers. » *Stomias boa*, décrit par le même auteur, venant de 1.900 mètres de profondeur, présente sur chaque côté du corps, une double rangée de plaques phosphorescentes. Ce poisson vit enveloppé d'une brillante auréole lumineuse. Sur *Maurolicus*, petit poisson lumineux de 5 à 6 centimètres de long, Mangoldt a compté jusqu'à 144 appareils lumineux distincts.

Chez *Melanocetus*, l'appareil lumineux est situé à l'extrémité d'un barbillon mobile et l'on peut croire, par analogie avec ce que nous montrent les baudroies, que c'est un appât pour attirer la proie. Seulement, la baudroie pêchant au grand jour, son barbillon a l'apparence d'un ver. Bien d'autres poissons brillent aussi : *Eustomias obscurus* qui habite à 2.700 mètres, *Neostomia bathyphyllon*, qui a été pêché à 2.220 mètres, etc.

En somme, les profondeurs de la mer pullulent d'organismes phosphorescents, variés comme si la nature tenait à représenter tous les embranchements d'êtres vivants dans l'éclairage des abîmes.

Modifications de la chimie de la mer. — Les êtres organisés se signalent, parmi les artisans les plus énergiques des grandes circulations chimiques de l'océan.

Dans le domaine de la chimie proprement dite, les corps placés en présence les uns des autres réagissent (quand ils réagissent) d'une façon que nous appellerons directe, c'est-à-dire sans autres intermédiaires que les dissolvants appelés à donner de la mobilité à leurs atomes constituants.

Dans le cas de la chimie vivante, les choses se passent tout autrement. Chaque contribuant à la réaction, commence par être, pour ainsi dire, digéré, assimilé, promu à un état spécial qui en fait presque déjà un élément de l'être actif, et c'est seulement alors qu'il rencontre d'autres matières, préparées de leur côté de la même façon, avec lesquelles il peut entrer en rapport.

En d'autres termes, quoiqu'il s'agisse toujours de chimie, les forces chimiques sont comme en tutelle, sous l'empire d'une force bien plus générale et qui est justement celle à laquelle les êtres vivants doivent leurs caractères propres.

Un exemple nous fera bien comprendre. Quand on s'est demandé comment un mollusque, tel qu'un buccin, élabore sa coquille, l'idée simple a été d'admettre que l'animal emprunte, à la substance de la mer, le carbonate de chaux qui y est en dissolution. On a même fait à cet égard des calculs où sont comparés la quantité de calcaire en dissolution et le poids représenté par la totalité des coquilles. On s'est comporté, comme il eût été légitime de le faire, en présence d'une caverne à stalactites, parcourue par des suintements d'une eau calcarifère et où l'on aurait déterminé la quantité d'eau nécessaire à la cristallisation de chaque kilogramme de calcite et le temps exigé pour l'opération. On ne manquerait pas alors de remonter à l'origine du phénomène et d'évaluer l'âge de la cavité souterraine.

Dans le cas des mollusques, les données sont radicalement différentes et ce qui paraît bien évident avant tout, c'est que ce n'est pas avec du calcaire introduit même en dissolution, dans sa cavité stomacale que l'animal fabriquera son tégument, fait non de calcaire, mais d'une combinaison extrêmement complexe où ces trois éléments : le calcium, le carbone et l'oxygène sont intimement unis à l'azote, à l'hydrogène, au fer et à une infinité d'autres corps simples qui, bien qu'en proportion moindre, y sont admis à titre aussi essentiel que les précédents.

En réalité, le calcium entre dans la composition de matériaux organiques, impossibles à distinguer de la substance banale que nous appelons le protoplasma des cellules. Il paraît vraisemblable qu'il dérive bien plutôt du sulfate calcique en dissolution dans la mer, mais qui lui-même ne mérite pas une appellation chimique si précise, étant certainément engagé, parmi ce grand plasma qu'est l'océan tout entier, dans des associations que nos opérations analytiques commencent par détruire. Circulant au travers des tissus, comme partie du liquide interstitiel des

éléments anatomiques, il rencontre, dans une région
convenable du manteau, des cellules qui lui infligent,
en raison de leurs caractères spéciaux, la rencontre
des autres termes de la substance coquillière.

D'où provient pour celle-ci l'élément carboné
indispensable ? Nous savons que la mer contient des
quantités considérables de carbonate d'ammoniaque,
qui apporteraient en même temps l'azote dont le prétendu calcaire ne saurait pas plus se passer que du
calcium lui-même.

Cet exemple, dont il serait facile de trouver l'analogue quant à l'origine de toutes les substances physiologiques, nous donne suffisamment l'idée du caractère distinctif de celles-ci, qui ne sont jamais cristalli-
sables et dont la formule chimique ne peut être donnée
qu'avec beaucoup de précaution, étant à la merci des
modifications de l'ensemble. Car les résultats de l'a-
nalyse immédiate sont toujours plus ou moins illu-
soires, les séparations nécessitant le mélange, avec
les produits naturels, de réactifs, ou même de simples dissolvants, ceux-ci ne peuvent manquer de
changer les conditions d'équilibre et de provoquer de
nouveaux arrangements moléculaires. Et c'est de là
que viennent ces « principes » à forme cristalline si
nette, à formule chimique si précise, qui se montrent
à première vue comme étant, avant tout, incapables
d'entrer dans l'architecture d'un tissu organique.

Pas plus que la coquille vivante ne contient de la
calcite ou de l'aragonite, qui seraient immédiatement
considérées par l'organisme comme des « corps
érangers », l'os ne contient pas de l'apatite ni même
de la phosphorite. Souvenons-nous du merveilleux

spectacle auquel nous fait assister la transformation
du cartilage en os : le déplacement progressif de tous
les éléments du tissu primitif, aussi ininterrompu que
le remplacement des atomes dans les portions devenues adultes et qui semblent avoir acquis un état
définitif.

C'est dans le même ordre d'idées qu'il faut insister
sur l'uniformité d'état physique des éléments entrant
dans la constitution d'un animal ou d'une plante, et
qui ne peuvent pénétrer au travers de la membrane
séparant exactement l'organisation de l'extérieur,
qu'à la condition expresse d'être liquides. Les solides,
au même titre que les gaz, sont inflexiblement soumis à l'opération préliminaire de la dissolution. Une
fois admis, ils seront introduits dans la constitution
des portions solides entrant dans l'architecture des
parois cellulaires, ou des plasmas liquides, où l'on
ne trouvera jamais de portions gazeuses. C'est un abus
de langage qui conduit à parler des « gaz du sang » : on
sait que la moindre bulle, développée dans un vaisseau
capillaire, apporterait les troubles les plus graves dans
la circulation. De même, dans le monde végétal, la
fonction chlorophyllienne ne saurait s'accomplir si,
selon la formule classique, le gaz carbonique et la
vapeur d'eau se rencontraient dans les cellules. C'est
d'ailleurs en vain que l'on chercherait à retirer au
phénomène chlorophyllien, son caractère essentiellement physiologique, en invoquant l'action si intéressante des radiations ultra-violettes dans la synthèse
des dérivés formiques. Même si ces radiations interviennent dans le phénomène végétal, notre observa
tion conserve son entière signification.

C'est donc de ces conditions, à la fois si nettement définies et si complexes, qu'il faut se pénétrer
en abordant l'étude, qui ne saurait être ici que très
superficielle, des grandes lignes de la chimie mise
en œuvre par les organismes marins.

Nous appellerons surtout l'attention du lecteur, sur
l'allure spéciale des organismes, dans leurs relations
avec les composés silicifères, les matières calcaires
(carbonates et phosphates), les composés azotés, à
propos desquels quelques considérations sont utiles
relativement à la destruction des matières organiques.

Outre que la silice intervient comme élément
constitutif dans tous les organismes, il y a lieu de
mentionner comme particulièrement riches de cette
substance trois catégories d'êtres marins où elle est
prépondérante. Ce sont, parmi les végétaux, les diatomées, et, parmi les animaux, les radiolaires et les
silico-spongiaires.

Les diatomées ont été analysées, et, par exemple,
par M. Anderson [1], qui a trouvé :

Silice insoluble dans les acides. . .   76   »
Silice soluble dans les acides . . .   1   »
Alumine.   1   38
Matière organique.   16   75
Eau   4   87
                                        ———————
                                        100   »

Il est utile de répéter que cette silice n'est nulle
part à l'état de liberté et que les frustules qui provo-
quent à si bon droit l'admiration des observateurs au

1. *Expédition du Challenger* (deap seas), p. 281.

microscope, supposent la destruction de tous les éléments, combinés d'une manière inconnue à la silice,
et que l'on a fait disparaître, soit en faisant bouillir
les algues dans l'acide azotique concentré, soit en les
chauffant, au rouge blanc, dans un creuset de platine.
Notons que cette composition est très analogue à
celle de beaucoup de plantes terrestres. La paille de
froment contient 71,5 p. 100 de silice et notre fougère
commune (fougère mâle) 73 p. 100.

Sans qu'on soit entré dans le détail des opérations
qui permettent de concevoir comment les diatomées
s'alimentent de silice et à quelles sources elles la
prennent, on peut ajouter que, d'après MM. Murray
et Irving, les diatomées paraissent s'attaquer, pour
la décomposer, à la matière argileuse tenue en suspension dans l'eau de la mer. Ces naturalistes ont
assisté à la pullulation de certaines formes placées
dans une eau où ils avaient mis en suspension de la
poussière très fine, non seulement de matière argileuse,
mais même de la poussière feldspathique. Il est vrai
que ces deux cas n'en font peut-être qu'un, le feldspath
porphorysé pouvant, au contact de l'eau, s'hydrater en
perdant son alcali, et par conséquent se transformer
en argile.

Ce résultat chimique signale tout spécialement le
contraste, de rencontres si fréquentes, entre les réactions provoquées par les organismes et celles que les
savants ont réalisées dans nos laboratoires. La décomposition du felspath est irréalisable pour nous, à
moins de l'intervention de réactifs dont le simple
contact serait incompatible avec la persistance de la
vie. Notre manière ordinaire est de mélanger la subs-

tance silicatée avec des carbonates alcalins, c'est-à-dire à base de potasse ou de soude, et de chauffer le tout au rouge pendant un temps suffisant. Il n'y a pas à insister sur la distance qui nous sépare du *modus faciendi* de la diatomée.

Quant à elle, c'est son procédé ordinaire, non seulement dans la mer, mais sur la terre ferme des régions tropicales, où elle paraît avoir accumulé, en même temps qu'elle s'assimilait la silice, des masses d'alumine libre, à l'état de bauxite. Et, ce faisant, elle se distingue autant de la chimie minérale naturelle qu'elle le faisait tout à l'heure de la chimie de laboratoire. En effet, le feldspath a à compter, pour notre bénéfice direct, avec les entreprises de l'atmosphère humide chargée de gaz carbonique. Il y a longtemps qu'Ebelmen a dévoilé les circonstances dont s'entoure l'origine des argiles, comme résidus de l'altération des feldspaths, auxquels l'acide carbonique a arraché leur alcali. Il est inévitable que la décomposition marine des silicates mette en liberté de l'alumine, qu'on a sans doute eu tort de négliger dans les analyses.

Ce que nous venons de dire des diatomées s'applique aux radiolaires qui entrent, comme on le sait, pour une si grande part dans la composition des boues siliceuses, auxquelles contribuent de leur côté les débris de silico-spongia, telles que *Hyalomena*, trouvés au Portugal et au Japon à 1.250 mètres de fond, *Euplectella* qui ressemble à un fin tricot (2.200 mètres), *Pheronema*, qui a l'air d'un nid d'oiseau (1.200 mètres), et cela sous deux formes de résidus, les spicules et les filaments.

Nous avons vu que les mers anciennes ont nourri des diatomées, des radiolaires et des éponges siliceuses, et que par conséquent des quantités de silice libre se sont accumulées sur leur fond. Nous savons dès maintenant que cette silice incorporée dans les assises successives de la terre, a subvenu aux travaux réalisés par les eaux de circulation profonde et alimente la concrétion de nodules de silex, la pétrification de troncs d'arbres, de coquilles et d'ossements, parfois devenus, comme ceux du *Diplodocus*, de véritables écrins d'améthyste. Et nous pouvons prophétiser à la silice que séparent aujourd'hui les diatomées, les radiolaires, les éponges de nos mers, un avenir tout semblable.

En résumé, la silice parcourt un cycle de transformations, c'est-à-dire d'associations diverses, que nous pouvons diviser en quatre temps : 1° Dans les roches profondes, feldspathiques, la silice est incorporée sous la forme de silicate double; 2° Sous les influences superficielles, les feldspaths sont décomposés : si elles sont purement inorganiques, la silice passe à l'état d'argile; si elles sont biologiques, la silice entre dans la composition de tissus vivants et contribue à la charpente des diatomées, des radiolaires et des éponges; 3° Le sédiment auquel ont pris part les débris de ces êtres étant recouvert de dépôts plus récents, l'eau de mer et ses habitants sont progressivement remplacés par l'eau minéralisée de circulation profonde et de température élevée, et la silice est entraînée à l'état de dissolution dans les pores des roches. Elle y circule jusqu'à la rencontre de localités d'où émane une mystérieuse action attractive et dans lesquelles elle abandonne son dissolvant pour se concrétionner et même cristalliser en quartz ; 4° Dans les localités où les recouvrements corticaux développent l'activité métamorphique et volcanique, la mobilité conférée aux éléments minéraux par l'action de l'eau surchauffée reconstitue les feldspaths et tous les silicates dits primitifs. Le cycle est fermé.

Il n'y a pas très longtemps que les savants regardaient toutes les roches calcaires comme étant d'origine biologique. Cette opinion, suscitée par la présence de fossiles dans ces roches, parut être définitivement confirmée par l'examen microscopique qui montra, jusque dans l'intimité de la substance, l'estampille de la vie sous la forme de tests de foraminifères et d'êtres analogues. Mais si ce point de vue doit être abandonné, il faut reconnaître pourtant que les êtres vivants ont remanié le calcaire sur une échelle gigantesque.

Il n'y a pas à douter que la chaux ne provienne originairement de composés minéraux. Plusieurs feldspaths essentiels des roches considérées comme fondamentales sont à base de chaux : l'oligoclase renferme de 5 à 8 p. 100 de chaux ; le labrador 11 p. 100, l'anorthite 20 p. 100. La kaolinisation a pour effet la production, aux dépens de ces composés, de carbonates, et en particulier de carbonate de chaux. Telle est la première origine du calcaire : sa solubilité dans l'eau chargée d'acide carbonique le transporte dans les bassins aqueux comme dans les vides des roches, et c'est là que les êtres vivants s'en emparent, ou plutôt s'emparent des produits de sa dissociation.

Une fois acquise par les règnes organiques, la chaux est transportée sans relâche d'une combinaison à une autre, rentrant par moments dans le règne minéral, devenant le ciment des roches, cristallisant en stalactites, en veines dans les marbres, mais retournant au monde organisé en toute occasion.

L'assimilation de la chaux par les organismes est moins active dans les eaux profondes des grandes mers, comme dans les régions polaires. La température paraît donc influer sur elle. Comparées aux produits des régions thalassiques, les coquilles et les squelettes des abîmes dénoncent un déficit de chaux, comme il arrive aussi aux êtres des régions froides. Pouchet et Chabry[1] ont publié des études sur la production de larves monstrueuses d'oursins (Pluteus), par privation de chaux.

Les composés calciques qui résultent de la rencontre, au sein des tissus, des corps albuminoïdes avec des sels de chaux sont bien loin d'être définis pour le moment. On est frappé de l'abondance des matières madréporiques dans les mers chaudes, et qui pourrait être liée au moindre volume du plancton plus rapidement décomposé dans les mers froides. Cette exubérance des organismes sécréteurs de produits calcaires, concerne non seulement les constructions madréporiques, mais aussi la prodigieuse abondance d'algues incrustantes, de foraminifères et de mollusques dont les produits accumulés sur le fond

1. Comptes rendus de l'Académie des Sciences, CVIII, 196 (1889).

dépassent de beaucoup en volume celui des récifs proprement dits.

John Murray estime[1] qu'un volume d'eau océanique, d'un kilomètre carré de base et de cent brasses de profondeur, tient en suspension 16 tonnes anglaises de carbonate de chaux sous les formes de coccosphères, rhabdosphères, foraminifères, ptéropodes, etc.

Une conséquence importante de l'influence de la température, c'est que la chimie de la chaux restant la même depuis le début des périodes sédimentaires, la localisation de son énergie maximum subit un déplacement continu. Au fur et à mesure du refroidissement du globe et de l'accentuation des climats, c'est dans une zone de moins en moins large, au nord et au sud de l'équateur, que le phénomène madréporique se concentre.

Comme appendice aux faits qui précèdent, il faut mentionner les réactions donnant naissance à ces associations du phosphore avec la matière calcaire qui ont leur maximum dans la substance des os, mais qu'on retrouve dans tant de produits organiques. Ici encore, il est manifeste que l'introduction du phosphore dans l'organisme suppose l'absorption par voie osmotique de combinaisons qui le renferment, à la suite d'opérations plus ou moins comparables à la digestion. Dès qu'on analyse les cendres des plantes marines ou des coquilles, on y trouve de l'acide phosphorique et de la chaux, et nous savons déjà que·

1. *Report on deep sea deposits based on the specimens collected during the voyage of H. M. S. Challenger in the years 1872 to 1876.* Londres, 1891.

d'innombrables gisements phosphatés sont des produits de fossilisation.

L'histoire chimique de l'azote, dans ses rapports avec les êtres vivants de la mer, est encore bien incertaine dans beaucoup de ses parties. Quoique plus difficile, à cause de la nature de l'ambiance, elle peut trouver quelque base dans l'étude biologique de l'azote atmosphérique. Remarquons d'ailleurs que l'atmosphère est représentée dans le milieu marin, par la dissolution quoiqu'en proportion différente de ses gaz constituants.

Déjà, en 1845, Aimé eut l'idée ingénieuse d'étudier les gaz dégagés par les plantes marines. Il reconnut qu'ils se composent d'un mélange où figurent l'oxygène et l'azote en proportions variables, « selon l'heure, l'état du ciel, la saison, et probablement aussi la latitude »[1]. Depuis lors, ces expériences ont été reprises plusieurs fois, et en 1897 M. Knudsen a constaté directement la ressemblance des excrétions gazeuses, produites par les plantes marines, avec les produits élaborés par les plantes terrestres. En particulier, le plancton végétal s'est signalé par l'énergie du phénomène chlorophyllien dont il est le siège.

Ceci posé, nous ne pouvons pas douter un seul instant que toute la physiologie végétale s'exerce dans la ore marine comme sur le sol exondé. La découverte de l'assimilation de l'azote, due à Georges Ville, dont on a reconnu le point de départ chez des protoorganismes en symbiose avec les végétaux supé-

1. *Recherches de physique sur la Méditerranée.* 1 vol. in-4°. Paris, 1845.

rieurs auxquels ils profitent, ne peut manquer de se continuer au sein de la population cryptogamique qui habite la mer et d'y atteindre, à cause de la densité de celle-ci, une importance maîtresse. On ne peut toucher ce sujet sans souligner l'organisation générale des choses que le progrès de nos études nous fait reconnaître chaque jour comme plus intimement liées au fonctionnement du mécanisme général, par l'entrée en jeu de toutes ses parties, sans qu'il y ait nulle part de portions inutilisées. On sait avec quelles précautions oratoires notre grand Lavoisier a risqué le nom d'azote, dont s'étaient tant servi les alchimistes, pour l'imposer à une substance destinée au rôle passif d'atténuer la trop grande énergie comburante de l'oxygène. En réalité, l'azote constitue dans la masse atmosphérique une portion directement affectée à la nutrition végétale, pendant que l'oxygène est destiné à la respiration des deux règnes, dont les membres sont construits avec la plus grande précision, en vue d'habiter un milieu où le gaz respiratoire est à l'état de dilution que l'on connaît. Ce fait, si incontestable, quand il s'agit de l'atmosphère, s'étend nécessairement au monde sous-marin, et nous pourrions répéter, quant aux destinées de l'azote absorbé par la végétation océanique, ce qui concerne la botanique ordinaire.

Ce qu'on sait bien, c'est que, par le fait seul de l'existence de la vie et de ses conséquences quant à l'azote, la mer a acquis, par l'apparition du premier biocosme, des caractères sans précédents.

On peut dire en effet, d'une façon schématique, qu'elle est, avant tout, une dissolution d'albumine dont

on a pensé à faire des applications médicales et qui,
entre autres propriétés, manifeste cette viscosité qui
est la cause de l'écume. Sans l'écume, la vie ne saurait être le milieu si intensément peuplé que nous
connaissons. La petite vésicule de mousse constitue
comme un véritable laboratoire, où l'air est contraint
de séjourner au contact de l'eau, sous une pression
qui n'est pas négligeable et qui détermine la dissolution des gaz nécessaires à la respiration et à la nutrition des organismes marins.

L'albumine dont il s'agit est l'un des termes de la
longue série de composés azotés, qui entrent dans la
composition des tissus animaux et végétaux et qui
présentent un intérêt géologique si direct quand ils
sont amenés par leur enfouissement à prendre part
aux réactions souterraines. Ces composés sont d'ailleurs associés d'habitude à des éléments vulgairement
qualifiés de minéraux et il en résulte, par exemple,
que des tests de coquilles, dont l'assimilation avec
des objets calcaires doit encore une fois provoquer
nos protestations, se comportent parfois dans le sol
sédimentaire de façon à tromper des géologues, à la
vérité peu réfléchis.

On rencontre, en effet, dans un grand nombre de
gisements géologiques, des roches riches en documents paléontologiques et qui cependant ne conservent des fossiles qu'elles ont renfermés que de simples traces, sans aucun vestige matériel de la substance
organisée.

Ainsi il existe aux environs de Paris, et sous Paris
même, un énorme niveau calcaire connu sous le nom
de « cosaque », et qui est littéralement pétri de mou-

lages de gros mollusques, les uns extérieurs, c'est-
à-dire limitant un vide d'où il semble que les coquillages aient été extraits; les autres internes, c'est-
à-dire pareils au noyau que l'on obtiendrait si l'on
coulait du plâtre entre les deux battants d'une coquille bivalve ou dans le tube contourné d'une
coquille turriculée, avec la précaution ultérieure de
se débarrasser des tests. Les chimistes ont voulu naturellement expliquer cette circonstance inopinée, car
la roche, étant calcaire, comme nous venons de le
dire, et la coquille également calcaire, du moins
selon leur appréciation, dont nous avons déjà signalé
l'inexactitude, il semble que tous les réactifs capables
de dissoudre la coquille devaient être excellemment
disposés à dissoudre la gangue en même temps. Mais
il s'est trouvé que peu après l'époque de l'enfouissement dans la vase sous-marine, celle-ci était habitée
par des êtres bien petits, quelquefois même tout à
fait microscopiques, mais qui, au point de vue chimique, étaient évidemment beaucoup plus experts
que les hommes de laboratoire, et, dans leur
langue, qualifiaient la gangue de *calcaire* et la coquille de *substance comestible*[1]. Aussi ces microbes
se sont-ils attachés à faire disparaître toutes les particules où la conchyoline leur offrait un aliment.

Rien de plus facile que de voir ce travail en cours.
On procède à chaque instant dans nos ports à des
travaux de curage, et il arrive que des mottes de vas
mal odorantes, noires, renferment des tests de co-

---

1. Stanislas Meunier: Sur un détail méconnu de la fossilisation
des débris organiques. *Comptes rendus de l'Académie des sciences*, t. CLVII, pp. 408-409 (1913).

quilles véritablement pourris et fréquemment d'un
blanc de neige. Au moindre contact ils se pulvérisent
et le résidu plus ou moins minéral qu'ils représentent
est évidemment dans la meilleure condition pour
céder à l'influence dissolvante des liquides de circulation. Il faut d'ailleurs rappeler que, si les travaux
de nettoyage n'avaient pas eu lieu, la masse de marne
aurait, dans bien des cas, subi un durcissement pro
gressif qui aurait assuré sa transformation avec l'allure que nous présente aujourd'hui le cosaque. Il y
reste encore des points où les moulages en creux,
comme les noyaux eux-mêmes, sont enduits d'une
poussière blanche, vestige de la matière pulvérulente
abandonnée par le microbe.

Nous signalerons, comme nous ayant fourni des
faits particulièrement nets, le Tréport et les environs
de Boulogne. En lames minces, au microscope, la
matière blanche montre souvent des petites granulations qui mériteraient une étude analogue à celle de
Bernard Renault sur la corrosion microbienne de la
houille et des autres combustibles minéraux[1]. Ajoutons d'ailleurs que les coupes minces, taillées dans
des coquilles vivantes, telles que les huîtres, montrent très souvent des régions où le test est traversé par
des excavations, dans lesquelles se rencontrent aussi
des granules microboïdes.

Parmi les exemples les plus instructifs que nous
ayons jusqu'ici rencontrés de ces phénomènes, citons
celui que procure la craie sénonienne de Margny, près
Compiègne. On y trouve des cavités de forme arron-

_____

1. *Sur quelques microorganismes des combustibles fossiles,*
1 vol. in-4° avec un atlas in-folio. Saint-Étienne, 1900.

die et compliquée, complètement closes et dans lesquelles se sont produits des « choux-fleurs » de quartz
cristallisé de l'effet le plus agréable. L'étude de ces
cavités conduit à y reconnaître l'empreinte de spongiaires (*Halliroïtes Isariæ*) qui ont fait partie du benthon enfoui de la mer crétacée, comme nos euplec-
telles font partie du benthon enfoui actuel. Une fois
l'éponge morte, les microbes nécrophages se sont
livrés à leurs appétits au sein de la matière organique et ils n'ont laissé que des éléments minéraux
avec lesquels plus tard se sont constituées les cristal-
lisations à apparence de confiserie. La dissection
microbienne a été si parfaite que le moulage des cavités permet de retrouver, jusque dans ses détails les
plus intimes, les formes des spongiaires et les petits
oscules qui en permettront certainement une étude
intéressante.

On peut être assuré que ce genre d'opérations
s'est reproduit d'une façon plus ou moins complète
dans la majorité des cas de fossilisation de coquilles
et, à cet égard, les bélemnites méritent une mention.
Rien de la substance qui les constitue, et qui est de la
calcite admirablement cristallisée, n'a appartenu à l'organisme du mollusque : c'est un produit du remplissage du vide laissé par la consommation microbienne
du tissu protoplasmique avec conservation plus ou
moins importante des parois des cellules fort analogues comme on sait à celles qui constituent l'*os de
seiche* de l'époque actuelle. Aussi peut-on s'étonner
de l'opinion de Jamin[1] sur le *tissu* cristallin de la

1. Comptes rendus de l'Académie des Sciences, XVII, 680
(1844).

bélemnite, que l'allemand Hesse avait affirmé en 1876, et plus encore de cette assertion de Zittel[1] que la calcite est la substance même du test vivant : « Comme les bélemnites ne se rencontrent presque jamais comprimées, même dans les roches schisteuses, on doit, dit-il, admettre que le rostre était déjà composé de prismes solides chez les animaux vivants. »

C'est à notre sens, la méconnaissance de toute la physiologie, et il nous semble d'autant plus nécessaire de protester contre cette doctrine qu'on en retrouve l'exposé, avec un grand luxe de détail, dans un ouvrage récent[2]. L'auteur lui est même resté si fidèle, qu'usant du pouvoir discrétionnaire que lui donne sa situation de secrétaire de l'Académie des sciences, il n'a pas hésité, en mars 1917, à fermer l'accès des *Comptes rendus* à une courte note que je lui avais adressée en contradiction avec la conclusion orthodoxe. Ce minuscule incident pourra rester comme un témoignage de la liberté scientifique dont on aura joui au XXᵉ siècle.

Remarquons, sans y insister davantage, que ces faits nous conduisent insensiblement vers la considération d'un phénomène aussi large peut-être que le fond de toutes les mers et concernant cette soi-disant destruction de la matière organique qui, dans les régions exondées, porte le nom de putréfaction. Les résultats sont nécessairement les mêmes dans les deux cas : ils concernent la circulation des molécules matérielles dans ces grands cycles toujours recommencés, dont les principales étapes sont la subs-

---

1. *Traité de Paleontologie*, II, 496.
2. *Minéralogie de la France et de ses colonies*, par A. Lacroix, t. III, p. 441. 5 vol. in-8°, 1893 à 1913, Paris.

tance minérale, la substance organique vivante et la substance organique morte, cette dernière étant ordinairement envahie par une exubérance de vie qui la fait grouillante.

Dans la mer, la disparition des cadavres ne s'accompagne pas en général de la production des putrilages qui se développent avec tant d'activité à la surface du sol exondé ou à très faible profondeur, sous l'influence dissolvante de l'eau, et peut-être aussi d'autres conditions telles que la température et la pression.

A ce dernier égard, M. le docteur Paul Regnard, à la suite de nombreuses expériences, émet l'opinion que les fortes pressions sous-marines s'opposent à la réalisation de la putréfaction dans le fond des mers. D'après lui[1], au-dessus de 400 atmosphères, les levures placées dans son appareil de compression se sont montrées à l'état de vie latente et incapables de produire des fermentations. On s'est demandé toutefois si ce résultat négatif ne résulte pas du changement de condition imposé à la levure et de ce qu'en somme, elle a été construite pour opérer dans un milieu tout différent. Car on retire des diatomées vivantes des plus grands abîmes, où la pression ne paraît avoir aucune action sur elles. Les dragages ont ramené souvent des cadavres plus ou moins ramollis, mais non pas putréfiés, et d'après Regnard, des cadavres abandonnés dans l'eau ne se putréfient pas. En 1881, le *Travailleur* dragua par 2.000 mètres une sorte de bouillie composée de cadavres d'animaux qui, d'après M. de Folin, étaient des restes de ptéropodes non putréfiés.

1. *Recherches expérimentales sur les conditions physiques de la vie dans les eaux*, 1 vol. in-8°. Paris, 1891.

L'observation a été répétée plusieurs fois. Les habitants des abîmes doivent, selon la remarque du zoologiste Frédéricq, de Liége, se nourrir surtout des cadavres tombés sur le fond et des animaux qui meurent à toutes les profondeurs, et même à la surface. D'après le *Challenger*[1], il est cependant exagéré de dire avec Pelseneer[2] qu'il n'y a pas de putréfaction dans les abîmes, car de tous les côtés, on rencontre des preuves du contraire. On reconnaît, en effet, que des bactéries pullulent littéralement dans la mer. Russell a trouvé 24.000 bactéries par centimètre cube de vase à un kilomètre au large de Naples. D'après MM. Portier et Richard, qui observaient à bord de la *Princesse-Alice*, il existe des bactéries depuis la surface de la mer jusqu'aux plus grands fonds. La distribution sous-marine de ces organismes n'est nullement influencée par la pénétration de la lumière. Les bactéries sont spécialement abondantes dans les golfes et dans les baies tranquilles, où sont accumulés les détritus organiques. C'est ce qui a été spécialement observé sur les côtes danoises où, par places, se décomposent des masses considérables de zostères, colorant l'eau en rouge et répandant au loin l'odeur de l'hydrogène sulfuré.

On admet que la grande proportion de ces gaz dans les eaux de la mer Noire provient de l'activité d'une bactérie.

Certaines bactéries marines nous sont d'ailleurs bien connues : on peut les cultiver très aisément dans les laboratoires sur des animaux morts, pois-

1. *Explorations des mers profondes* (*Challenger*), in-8°, 1890.
2. *Ouvr. cité*, p. 256.

sons, céphalopodes, crabes. Elles sont phosphorescentes, comme tout le monde l'a constaté sur le
poisson *avancé*. Les vases ramenées des grands fonds
par le *Travailleur* ont montré à M. Certes, des microbes qu'on a pu multiplier par des cultures et dont
les produits ont été étudiés à l'Institut Pasteur : ino-
culés à des cobayes, ils n'ont pas déterminé d'accidents. Pourtant, on a trouvé des bactéries patho-
gènes dans les vases de la mer Morte et dans les
vases des Limans, près d'Odessa.

Les bactéries marines ne sont anaérobies que très
exceptionnellement; la plupart sont capables de sup-
porter d'importantes variations dans la proportion
d'oxygène du milieu ambiant.

D'après Brandt, des bactéries dénitrifiantes décomposent les sels ammoniacaux dissous dans la mer et
en dégagent de l'azote libre. Peut-être jouent-elles un
rôle purificateur en diminuant la proportion de matière azotée dans l'océan.

Une particularité des plus intéressantes de l'histoire de ces substances, qui paraît devoir menacer
'habitabilité de la mer, concerne la différence de régime de la mer actuelle comparée aux océans primaires. Ceux-ci, en effet, nous ont laissé, comme
témoignage de leur activité sédimentaire, en même
temps que comme connexion des formes animales
qui les ont peuplés, quantité de marbres noirs
contrastant profondément avec la teinte claire des
marbres secondaires. La première opinion que l'on
se forme pour expliquer cette circonstance, c'est que
les opérations métamorphiques ont progressivement
amené l'apparition d'un pigment sombre dans les

pâtes lithoïdes qui, lors de leur origine, devaient ressembler à nos vases actuelles. Cependant, quelques faits d'observation détournent de cette supposition. Il existe en effet, quoique d'une manière exceptionnelle, des marbres secondaires et même crétacés, comme il s'en trouve à Bagnères-de-Bigorre, qui sont aussi foncés que les « petits granits » de notre Flandre. L'analyse chimique montre que la matière colorante de ces roches est essentiellement organique. Un chimiste belge, M. Spring[1], en a même extrait des phosphamines, c'est-à-dire des ammoniaques où l'azote est remplacé par du phosphore et dont la composition cadre exactement avec celle de dérivés de distillation de substances animales.

La distribution de la température dans la mer récente est différente de ce qu'elle était dans les mers anciennes, en conséquence de la constitution dans les fonds actuels d'une nappe froide alimentée par les glaces polaires et consécutive à l'installation des climats. Dans les périodes antérieures, les débris organiques précipités subissaient une macération dans l'eau tiède, qui est éminemment favorable au développement des saprophytes, de telle façon que l'allure de la matière animale en voie de destruction dans les régions sous-marines a dû nécessairement changer, à mesure que la température s'abaissait. On peut considérer comme une preuve de cette manière de voir, ce qui se passe dans les mers à l'abri de cette infiltration froide venant des pôles et dont la mer Noire est pour nous le type le plus complet. Les son-

1. *Annales de la Société géologique de Belgique*, XVI, p. LXVI, Bruxelles (1889).

dages ont révélé qu'au-dessous de 200 mètres l'eau
de cette mer est inhabitable aux organismes. La
proportion d'hydrogène sulfuré étant nulle à la surface, on en trouve plus d'un tiers de centimètre cube
par litre, dès 183 mètres de profondeur. Ce taux va régulièrement en augmentant, si bien qu'à 2.166 mètres,
c'est-à-dire au fond, on trouve 6,55 centimètres cubes
par litre. L'hydrogène sulfuré n'est pas seulement un
gaz délétère et qui empêcherait toute manifestation
biologique, sa présence constitue la preuve d'une
constitution de laquelle toute matière oxydante est
supprimée. On peut croire que le sédiment qui est en
voie de formation au fond de la mer Noire présentera
plus tard les analogies les plus intimes avec les marbres noirs dévoniens ou carbonifères, ou, si l'on aime
mieux, que le fond des mers paléozoïques a présenté
dans les points d'où proviennent ces roches sombres,
des qualités analogues à celles de la mer Noire. Le
marbre de Bagnères provient de quelque mer Noire
crétacée.

Malgré cette diversité caractéristique des époques
successives, la marche générale des transformations
sous-marines a conservé cependant une grande ho-
mogénéité. Partout la décomposition des matières
albuminoïdes a donné lieu à des dégagements d'hydrogène sulfuré, par suite de la réaction de l'acide
carbonique sur des sulfures terreux ou alcalins. Cet
hydrogène sulfuré circulant dans l'eau ambiante, et,
pour citer l'exemple le plus aberrant, dans les eaux
superficielles de la mer Noire, ne tarde pas à s'oxy-
der, devient de l'acide sulfurique qui, à son tour,
décompose le carbonate de chaux en dissolution et

forme du sulfate de chaux, prêt à se réduire de nouveau pour compléter un autre cycle de réactions
tournantes : 1° Réduction du sulfate de chaux en
présence des matières organiques donnant des sulfures et dégageant de l'acide carbonique ; 2° l'acide
carbonique décomposant les sulfures et donnant les
carbonates et l'hydrogène sulfuré ; 3° l'hydrogène
sulfuré s'oxydant dans l'eau et devenant de l'acide
sulfurique ; 4° enfin l'acide sulfurique attaquant les
carbonates et redonnant le sulfate de chaux d'où il
est parti.

En même temps, les matières azotées et albuminoïdes des tissus et des fluides organiques, se trans-
forment bientôt, par une série de réactions en ammoniaque et en azote, ce dernier se dégageant à l'état
de liberté, L'ammoniaque devient du carbonate ou,
suivant les cas, s'oxyde et donne lieu à des azotates.
Enfin le phosphore, se présentant en combinaison
avec l'hydrogène, s'oxyde et donne lieu à des phosphates.

Parmi ceux-ci, le phosphate de chaux mérite une
mention particulière. L'accumulation des déjections
animales prend des proportions géologiques, le long
de certaines côtes méridionales, parmi lesquelles
se signalent le littoral de l'Arabie et celui de la Pata-
gonie. Le développement des microbes dans leur
masse donne lieu à des phénomènes compliqués dont
nous retrouvons la manifestation ancienne dans les
coprolithes, si abondants en diverses régions et qui
nous ont renseignés sur l'allure géologique de la vie.
Non seulement ils ont révélé des particularités anatomiques chez les animaux qui les ont éliminés en mou-

lant par exemple l'intestin de l'Ichthyosaure, qui se présente comme ayant présenté la forme spirale, caractérisée chez les raies et d'autres poissons actuels. Non seulement ils ont permis de retrouver quelquefois le régime alimentaire des êtres dont ils proviennent, mais encore ils nous ont appris, grâce à Bernard Renault, que les microbes intestinaux, agents, suivant les cas, de phénomènes digestifs ou propagateurs de maladies, ont joué leur rôle à toutes les époques.

Dans le terrain dévonien, et, avant tout, aux environs d'Autun, les coprolithes provenant surtout de poissons et aussi de batraciens, s'imposent par leur variété et par les applications qu'en fait l'agriculture. Le terrain jurassique du sud de l'Angleterre et d'autres régions est célèbre par les coprolithes reptiliens, qui ont fait dire à Lyell qu'ils se présentent dans la terre végétale de plusieurs localités du Sussex comme des pommes de terre dans un champ en pleine récolte.

RÉSUMÉ ET CONCLUSION

Parvenu au terme des études dont le phénomène océanique nous a paru susceptible, nous éprouvons le besoin d'en résumer les résultats les plus saillants, afin d'en faire ressortir la signification générale dans l'ensemble des choses planétaires.

Au premier chef, la mer nous frappe par la continuité de sa prodigieuse activité. C'est avant tout un laboratoire, dans lequel des forces sont appliquées à infliger aux matières, des associations et des dissociations indéfiniment renouvelées.

Pour mieux mettre en relief la dimension de cette activité en même temps que sa multiplicité, nous avons cru utile d'en classer les effets d'après la considération des forces agissantes, successivement examinées.

La cinématique, la physique et la chimie nous ont, l'une après l'autre, fourni un très grand nombre de faits dont le caractère dominant a été de s'associer, sans le moindre conflit, aux réactions accomplies au sein des autres milieux, atmosphérique et souterrain, entre lesquels sont partagés des cycles, qui ne se ferment qu'au prix de passages de l'un dans les

autres. Pour fixer les idées par le rappel d'un seu
exemple, la composition de l'atmosphère, dont les
écarts détermineraient des à-coups dans les phénomènes les plus variés, rencontre dans la mer un régulateur d'une incomparable précision.

Le développement de la terre a été d'une telle
ampleur, qu'il comprend l'acquisition successive et à
d'immenses intervalles, des appareils dont il s'agit ;
ce qui revient à constater que, pendant des laps de
temps que nous ne saurions préciser, la machine
admirable dont nous contemplons le fonctionnement
était actionnée autrement qu'elle ne l'est aujourd'hui,
sans que la transition ait été autre chose que la conséquence d'une modification continue et essentiellement progressive.

Le soleil, dont la physique commence à être dévoi-
lée dans ses grandes lignes, nous donne certainement
le spectacle d'un état que la terre a traversé, apiès
que la contraction, en un sphéroïde lancé dans une
orbite, eut succédé, suivant la conception de Laplace,
à l'anneau équatorial des matières nébuleuses primitives.

On sait que notre astre central est le siège de circulations continues et d'une inextricable complication.
Leur principale cause est dans le mouvement de rotation de l'astre autour de l'un de ses diamètres ; il s'y
ajoute, avec une importance comparable, la déperdi-
tion de la chaleur d'origine, expliquée par la situation
de la masse chaude au sein de l'espace céleste intensément froid.

L'effet du refroidissement superficiel y est déjà bien
visible : les astronomes sont d'accord pour lui attri-

buer la formation, par condensation, d'une pellicule
formée d'une poussière solide, douée du pouvoir
rayonnant caractéristique de la photosphère.

Celle-ci, première ébauche d'une écorce, située
comme la croûte terrestre à la surface sphéroidale de
contact des masses fluides, et pesantes qui constituent
le noyau de l'astre et des substances, fluides aussi,
mais beaucoup plus légères, qui composent sa gigantesque atmosphère, est dans une condition à chaque
instant modifiée par les progrès mêmes du refroidissement.

On en a bien la preuve par l'histoire des taches
qui caractérisent si nettement l'économie solaire,
et dont Faye a si heureusement précisé l'allure[1].

L'inégalité de vitesse des courants parallèles à
l'équateur et qui, quelle qu'en soit la latitude, font
parcourir dans le même temps à la matière superficielle des chemins qui varient de 0 au pôle à 72 millions de kilomètres à l'équateur, donne lieu à des
tourbillons qui, comme ceux des rivières torrentielles,
ont pour résultat de faire plonger la matière entraînée
à des profondeurs plus ou moins grandes et qui,
presque immédiatement, font perdre à la poussière
photosphérique son état solide et, du même coup,
son éclat lumineux.

Le spectacle de ces phénomènes nous procure, à
l'échelle sidérale, un terme de comparaison avec l'activité planétaire, qui détermine aussi une circulation
verticale par le moyen des volcans. C'est quelque chose
comme la substitution des appareils très compliqués

1. *Sur l'origine du monde.* Théories cosmogoniques des
anciens et des modernes, 1 vol. in-8º. Paris, 1884.

des animaux supérieurs, aux dispositions rudimen-
taires des types inférieurs, pour la réalisation de la
même fonction, indispensable à l'équilibre général.
Notre petite planète a très certainement passé par un
état tout semblable, où peu à peu se préparait la
complication histologique dont elle est pourvue maintenant.

L'analyse spectrale nous a édifiés depuis longtemps,
quant à l'unité de composition chimique élémentaire
des différents corps célestes. Elle a même révélé, des
uns aux autres, des différences consistant surtout
dans des états d'association plus ou moins avancés et
il nous sera bien utile d'extraire, de l'énorme ensemble
des faits acquis, quelques détails qui nous feront au
moins entrevoir comment la mer a pu prendre naissance sur notre planète.

Malgré la délicatesse de ses investigations, le spec-
troscope est incapable de déceler l'existence de l'eau
dans l'atmosphère du soleil : d'où l'on peut vraisemblablement conclure que cette substance n'existe pas.
Si on y reconnaît l'hydrogène, on n'y aperçoit que
des traces très faibles d'oxygène, qui toutefois ne
paraissent pas douteuses; et si l'oxygène abonde
dans le spectre solaire, il n'y est représenté que par
des bandes d'absorption tenant la place des lignes
lumineuses, et causées, d'après Janssen, par l'humidité de notre propre atmosphère.

D'après les astronomes, le soleil est lui-même un
astre déjà avancé en développement, la catégorie des
étoiles jaunes, dont il fait partie, ayant été précédée par
celle des *étoiles blanches* dont *Capella* est le type et qui
ne manifestent aucune trace d'oxygène. Les étoiles

rouges, représentées par Arcturus, donnent des indices
d'oxygène plus abondant que notre astre central et
l'on peut penser avec le Dʳ Garrigou[1], que l'oxygène
existe en quantité plus notable encore dans la masse de
ces astres singuliers que le télescope est impuissant à
nous faire apercevoir, mais dont l'appareil photogra-
phique nous procure l'image, et qui nous fournissen
la notion de soleils enveloppés d'une photosphère
assez refroidie et par conséquent assez épaisse, pour
arrêter la radiation lumineuse du noyau.

En conséquence de ces faits, on est invinciblement
ramené aux grands aperçus formulés par J.-B. Dumas,
quant aux relations réciproques des corps simples,
dont les atomes résulteraient de la polymérisation,
plus ou moins avancée, des atomes d'hydrogène. En
même temps qu'un corps céleste parvient, par suite
de son évolution spontanée, à la condition d'étoile
rouge, ou mieux, d'astre assombri, il descend à un
degré thermométrique auquel correspondrait la genèse
de l'oxygène et par conséquent la formation possible
de l'eau.

Une fois formée, l'eau prend nécessairement place
dans l'atmosphère sidérale, en compagnie des substances les plus volatiles et qui subsisteront encore à
l'état de vapeurs, alors même que la plupart des
matériaux renfermés dans les régions périphériques
de l'astre se seront condensés et précipités à la surface de la croûte.

C'est vers ce moment de l'évolution planétaire que se
placent les premières réactions mécaniques consécu-

1. *Comptes rendus de l'Académie des Sciences*, CLXII, 359
1916

tives à la contraction du noyau et au refoulement tangentiel de la matière corticale. Les inégalités de relief de la surface nous ont donné la raison de la localisation des mers dans les bassins et nous portent à croire que c'est simultanément, que se sont constituées les unes à côté des autres, les zones submergées et les régions continentales. On peut y insister et remarquer que la supposition, souvent formulée, d'une nappe aqueuse primitive recouvrant toute la masse solide, est non seulement inutile, mais bien peu vraisemblable : la surface actuelle de la mer pourrait être tout autre qu'elle n'est, si la profondeur de la masse liquide était modifiée. Toutefois, il est manifeste qu'aujourd'hui encore, la quantité d'eau liquide serait suffisante pour envelopper la totalité du globe, si la forme de celui-ci était régularisée par le transport de ses reliefs dans ses dépressions : la surface des mers étant trois fois aussi grande que celle de la terre ferme, et la profondeur de ses abîmes surpassant celle des sommets montagneux, le volume d'écorce existant au-dessus de la surface de l'océan est bien inférieur à celui des eaux, au-dessous du même niveau.

La mer une fois séparée de « l'aride », elle a passé un temps considérable à se débarrasser, par précipitation, de la masse des troubles qui l'encombraient, et c'est petit à petit que ses eaux ont acquis les caractères physiques que nous avons énumérés, tels que la limpidité, la couleur et la température dont s'accommodent les besoins biologiques. Et ce n'est pas tout de suite que ce milieu est devenu habitable : il a été d'abord un laboratoire, où des combinaisons minérales ont agi les unes sur les autres, pour établir l'équilibre, relatif et mobile, des diverses parties de l'énorme accumulation liquide.

Quant à l'apparition du phénomène biologique, on a émis souvent l'opinion, d'ailleurs dépourvue de preuves, qu'elle a dû se déclarer dans la mer. Sans prendre part, dans une question si incomplètement définie, on peut cependant remarquer que l'allure des choses, telle qu'elle résulte des faits rassemblés dans le présent volume, ne justifie pas la supposition d'un océan habité, coexistant avec des terres fermes désertes. La liaison est si intime et si complexe entre les différentes catégories d'êtres vivants, que les unes apparaissent comme absolument indispensables aux autres pour l'équilibre de l'ensemble. La conséquence est donc l'apparition simultanée des différents termes de la flore et de la faune primitives, ce qui n'est pas plus difficile à comprendre que la supposition de quelques informes ébauches d'embryons apparaissant ici ou là.

La nature nous montre, non seulement la nécessité des divers habitats simultanés, mais aussi celle de la contemporanéité des grands degrés d'organisation : les êtres les plus élevés ont un imprescriptible besoin de l'assistance des microorganismes les plus humbles, qui, jusque dans les profondeurs de leurs tissus, accomplissent des fonctions incessantes; et complémentairement, les êtres les plus infimes, les microbes les plus élémentaires, sont dans l'impossibilité de prospérer, si des organismes qui leur sont très supérieurs n'ont élaboré au préalable les matériaux alimentaires dont ils n'auront qu'à extraire les trésors, de matières facilement assimilables et de forces vives, dont ils ne peuvent se passer.

En présence de cette conclusion, comment hésiter à penser que chacun des êtres vivants, composant un microcosme, n'ait été créé expressément, en vue de la fonction qu'il était appelé à y remplir et, par conséquent, en conformité absolue des conditions qui devaient l'entourer ? Autrement, il y aurait là une flagrante contradiction avec tout ce que nous a montré le concert, si absolument eurythmique, des choses inorganiques.

C'est en conséquence de ces principes que les biocosmes caractéristiques des périodes géologiques successives ont apparu dans la mer.

En les comparant, on assiste au phénomène grandiose du « perfectionnement organique » ou plutôt de l'acquisition à chaque moment géologique de formes méritant d'être classées au-dessus de celles qui, aux époques antérieures, constituaient le *summum* de la série organique, en sorte que, à l'apogée des trilobites, rois de la création à l'époque primaire, ont succédé les puissants reptiles de l'époque secondaire, qui, entre autres facultés, jouissaient de tous les modes de locomotion, laissant à leur tour, la suprématie aux mammifères dont la prospérité persiste encore aujourd'hui.

Le perfectionnement organique ! Ne semble-t-il pas lui-même avoir préparé l'avènement d'une nouvelle force cosmique qui, par sa supériorité, est à la force biologique ce que celle-ci est à l'entité dynamique présidant à l'architecture des produits inorganiques ? C'est la force intellectuelle, dont la mention ne peut être oubliée, sans produire une lacune dans notre

sujet, puisqu'elle est intervenue déjà pour apporter
à l'état de la mer, tel que l'avaient faite les forces physiques avec le concours des êtres vivants, des modifications indiscutables. Par ses travaux, dès maintenant
en passe de s'étendre sans répit, l'homme a déjà supprimé des bassins maritimes pour les remplacer par
des polders et il a étudié la substitution de nappes
d'eau à des chotts ; il a fait communiquer entre eux
des océans initialement séparés : le Pacifique avec
l'Atlantique, par le canal de Panama ; la Méditerranée
avec la mer Rouge, par le canal de Suez[1].

Malgré la durée déjà si longue de son existence, la
mer ne manifeste aucun indice de déclin. Elle n'a
jamais été plus active ni plus habitée ; jamais elle n'a
nourri d'êtres plus élevés en organisation, ni même
mieux doués en énergie vitale. Au contraire, il semble
que l'animal et le végétal y atteignent de nos jours
le maximum de leurs dimensions. Jamais rien n'a
autorisé à supposer dans le passé l'existence d'un
animal aussi grand que notre baleine franche avec
ses 30 mètres de longueur : les 21 mètres du Diplodocus, — reptile terrestre d'ailleurs, — font petite
figure auprès d'elle. Jamais on n'a recueilli de vestiges de céphalopodes (*Orthoceras* ou autres, si abondants aux époques primaires) qui puisse entrer en
comparaison avec *Architheutis princeps*, calmar des
îles Baffin (Irlande), dont le corps mesure plus de
12 mètres de longueur[2]. Jamais on n'a recueilli d'in-

----

1. Stanislas Meunier, *le Ciel géologique*, p. 170. 1 vol. in-8°.
Paris (1871).

2. Filhol, *la Vie au fond des Mers*, p. 175. 1 vol. in-8° (Bibliothèque de la Nature). Paris, s. d.

dices de plantes marines approchant du *Macrocystis*
de 500 mètres, des mers d'aujourd'hui [1].

On a vu plus haut quelles ont été l'allure et les
vicissitudes locales de la mer au cours des temps ;
comment elle s'est déplacée, en conséquence des con-
trecoups de l'activité souterraine et comment par l'évaporation, origine de la pluie, elle pourvoit à l'infiltration occulte qui hydrate chaque nouvelle couche du
sol, au moment de son édification et qui achemine le
bassin océanique vers un asséchement que rien ne
saurait conjurer.

La fin de la mer est un chapitre symétrique de celui
qui concerne son apparition ; mais loin de contraster
avec lui par ses causes et par son mécanisme, il en
est une simple suite, logique et inévitable.

Des poètes ont quelquefois tenté de décrire les affres
de l'humanité dégénérée, errant sur les bords de la
dernière flaque d'eau prête à disparaître. On peut
croire que c'est là un mélodrame gratuitement imaginé, sans que les faits réels en justifient la supposition.

Outre que la dessiccation de la mer sera précédée
de transformations météorologiques qui depuis bien
longtemps auront rendu la surface du sol radicalement différente de ce qu'elle est aujourd'hui, nous
avons, grâce à la paléontologie, des notions sur la
durée des espèces, comparées au temps employé à la
succession des époques. Ce n'est que chez les formes
végétales ou animales les plus inférieures, que nous
rencontrons des exemples de survie dépassant la durée

1. Le Maout et Decaisne, *Traité général de Botanique*, p. 711.
1 vol. gr. in-8°. Paris, 1868.

d'une formation géologique, c'est-à-dire le temps que met une faune à se substituer à celle qui la précède et à laisser la place à celle qui la suit[1]. Quand il s'agit des êtres supérieurs, la durée diminue très notablement. Pour les mammifères en particulier, ce temps est extrêmement court. Que l'humanité doive ou non être remplacée par quelque forme plus élevée, continuant, après elle, la série des perfectionnements organiques, elle aura égalé toutes les longévités paléontologiques, bien avant qu'il n'y ait rien de pratiquement changé dans le volume de la mer.

Nous pouvons cependant concevoir que la disparition de la masse océanique, par infiltration dans la profondeur du sol, sera un fait accompli, alors que sera bien loin encore le refroidissement complet de la planète.

La lune nous fournit un exemple devenu banal, d'un corps céleste bâti exactement sur le même type que la terre, où se montrent les preuves d'une aridité complète sur un sol qui porte, de toutes parts, des témoignages incontestables de l'activité récente des eaux. Des phénomènes géologiques ont continué cependant de s'y accomplir et par exemple, d'énormes explosions volcaniques ont recouvert les derniers sédiments aqueux de ces épaisses assises de laves et de cendres, qui donnent au paysage lunaire l'aspect si étrange que tout le monde connaît.

---

1. Il va sans dire que nous donnons au mot *faune* un sens qui ne lui convient pas en réalité et qu'on lui a cependant attribué, avant d'avoir reconnu l'indépendance mutuelle des espèces et l'allure progressive de leur remplacement. (V. à cet égard notre *Géologie biologique*.)

Cette circonstance, imprévue il y a encore bien peu de temps, résulte de ce que le phénomène volcanique se continue en profondeur dans la région du contact de la zone imprégnée d'eau d'infiltration centripète, avec la zone encore trop chaude pour être humidifiée. Les refoulements orogéniques, en faisant glisser celle-ci par-dessus la précédente, en détermine le recuit en présence de la vapeur aqueuse et la convertit en magma foisonnant, qui profite de toutes les issues vers la surface pour faire éruption au dehors[1].

Il ne nous reste plus qu'à faire une dernière remarque, pour en avoir terminé avec l'histoire tout entière du phénomène océanique, c'est qu'après le refroidissement complet de la terre, — la température s'en étant équilibrée avec celle de l'espace, et la croûte enveloppant le grand vide central qui représentera la place d'abord remplie par la masse fluide du début, — la coupe verticale de tout cet ensemble montrera, à un certain niveau des assises superposées, un horizon singulier, ni exclusivement métamorphique comme les zones profondes, ni exclusivement volcanique comme les zones finales, et qui sera le produit de l'incident océanique, aussi bref qu'il aura été exceptionnel.

1. Stanislas Meunier. *Sur une conséquence remarquable de la théorie volcanique. Comptes rendus de l'Académie des Sciences,* t. CLX, p. 137, 1915 — et : *les Volcans lunaires et la géologie. Bulletin de la Société astronomique de France,* août 1915, 29ᵉ année, p. 275.

FIN

TABLE DES MATIERES

TROISIÈME PARTIE

LES CARACTÈRES PHYSIQUES DE LA MER

QUATRIÈME PARTIE

LES CARACTÈRES CHIMIQUES DE LA MER

CINQUIÈME PARTIE

LES CARACTÈRES BIOLOGIQUES DE LA MER

6686-8-19. — PARIS. — IMP. HEMMERLÉ ET Cⁱᵉ.

9 782019 307028